厨行天下之五

《中国烹饪》特别推荐

烹饪器具

单守庆 著

中国商业出版社

内 容 提 要

本书采用"漫谈"形式,讲述烹饪器具知识的方方面面:"锅碗瓢盆"锅为先;借锅不借盖;借碗不借筷;碗中有乾坤;盘碟大盘点;练勺工的窍门;盆菜,是个菜名;冰箱≠食品"保险箱",等等。烹饪器具的烹文煮史在这里评说,千姿百态在这里展示,巧使妙用在这里交流。图文并茂,具有较强的知识性、实用性、可读性和趣味性。

本书可作为职业厨师、烹饪专业院校、烹饪培训班和烹饪爱好者的参考书。对烹饪行业从业人员和有志于烹饪事业的人士来说,是一本不可多得的"工具书"和"枕边书"。

图书在版编目(CIP)数据

烹饪器具 / 单守庆著. —北京:中国商业出版社,2014. 6

(厨行天下书系; 5)

ISBN 978-7-5044-8604-2

Ⅰ. ①烹… Ⅱ. ①单… Ⅲ. ①烹饪-设备 Ⅳ. ①TS972.2

中国版本图书馆 CIP 数据核字(2014)第 123320 号

责任编辑:刘毕林

中国商业出版社出版发行

010-63180647　www. c-cbook. com

(北京广安门内报国寺 1 号　邮编:100053)

新华书店总店北京发行所经销

北京明月印务有限责任公司印刷

*

650×940 毫米　16 开　13.5 印张　182 千字

2014 年 6 月第 1 版　2014 年 6 月第 1 次印刷

定价:32. 00 元

* * *

(如有印装质量问题可更换)

目 录
CONTENTS

序

2013 年，我进入厨行整整 60 年。这一年，中国书籍出版社为此出版一本名为《厨艺人生——艾广富从厨六十年》的书。书中介绍了我的司厨经历，收入了我写的关于饮食文化方面的文章、媒体对我的采访，还有溥杰、启功、黄苗子、刘开渠、胡絜青等名人赠予我的书画作品。作为厨师，我喜欢和研究饮食的朋友交流，单守庆就是其中的一位。

我和单守庆认识十多年了。平时见面不多。我经常看到他在报刊上发表谈吃论喝的文章。在我和我身边同行的印象中，单守庆很勤奋，为《中国食品报》、《中国烹饪》等报刊撰写专栏文章，有的一个星期一篇，有的一个月一篇。他年复一年地坚持，光是给《中国烹饪》杂志写专栏文章就连续九年了。圈里人都说单守庆是厨师的朋友，还真是这么回事。他出版了一套丛书，取名"厨行天下"，已出版《烹饪刀工》、《烹饪技法》、《烹饪火候》、《烹饪调味》。头几天，他把这套丛书的第五本书《烹饪器具》的书稿拿给我看。一看目录，我就觉得这书有点意思：《大厨用好锅》、《永不消失的大碗饭》、《碗中有乾坤》、《小菜一碟，小看不得》、《掌勺者说》、《盆菜是个菜名》、《筷子种种》、

《冰箱≠食品"保险箱"》、《含有烹饪器具的谚语》、《含有烹饪器具的歇后语》、《含有烹饪器具的对联》、《含有烹饪器具的名词》……我还真没看过这么写烹饪器具的书。

据说，"厨行天下"这套书发行得还不错。《烹饪刀工》第一版已经全部拿在读者手上，又有了修订版。我很喜欢读这种漫谈式烹饪科普书。我也常和徒弟们说，社会发展了，不能只做"工匠型"厨师，要做"文化型"厨师、"营养型"厨师。作为师傅，我很在意引导徒弟们养成读书学习的良好习惯。

我家有个"厨师书斋"，靠墙而立的书柜站了一大排，里面的图书，装得很满，主要有五种书：一是烹饪教科书，传授烹饪知识、技能和思想的书；二是烹饪工具书，系统汇集烹饪专业资料，按特定方法编排，专供查找烹饪知识信息的书；三是菜谱书，以烹饪技术传承为主，介绍厨师利用各种烹饪原料制作菜肴方法的书；四是烹饪科普书，以传播烹饪科学技术和文化知识为特征，兼有科学性、文学性、通俗性、趣味性的书；五是其他图书，里面也大都含有烹饪方面的内容，比如莫言的小说《酒国》。另一面墙上，是不同时期各界名人赠予我的书画作品。我经常在书斋里左顾右盼，每一本图书、每一幅字画的后面，都有令我难以忘怀的故事。眼看心动，我又经常坐在书斋中央的老式写字台前，用握菜刀、颠大勺的手拿起笔杆，写我在国内外司厨的所见所闻所感，也写我对不同菜系的研究成果。这么一来，《恩师的〈北京清真菜谱〉》、《传统美食的前世今生》、《低碳饮食 冷菜当先》等近百篇文章在报刊上发表了，《经典清宫菜》、《好吃全羊菜》、《地道北京菜》等烹饪图书也相继出版了。徒弟们经常来到我的书斋，常说常新的一个话题就是"能做菜，能说菜，也能写菜。"我把徒弟们看成是业内的"青年朋友"。在和他们的交流中，我以亲身经历谈学习的重要。我能担任中国常驻联合国代表团宴会设计师、担任北京亚运会运动员清真餐厅行政总厨，除了先后拜胡宝珍、杨永和等先辈为师学艺外，也离不开长期坚持看书学习。走出厨房，走进书房，渐渐养成了"读"和"写"的习惯。

2012年6月，在南昌的徒弟创办清真烤鸭店，我写诗祝贺："古颂燕都馔，今扬烤鸭香。飞跃三千里，落户到南昌"。有徒弟建议请单守庆代书。这样，他第二次来到我的书斋。他并不专门练书法，可字也写得不错。他说他喜欢书法，却没时间练。他也不玩牌、不打麻将，业余时间尽可能地用在了"读"和"写"上。读书是他有求知心的标志，写作则是他有创造力和责任感的标志。读书是吸收，是继承；写作是创造，是超越。

"厨行天下书系"之五《烹饪器具》，是单守庆"读"和"写"的又一新成果，我向他表示祝贺！希望单守庆能写出更多更好的作品，丰富我的书斋，让更多的厨师朋友和烹饪爱好者受益。

因为我和烹饪器具打交道的年头多，也有"读"和"写"的爱好，他便请我为这本书写个序言。于是便有了上面这些话，权且为序。

2014. 4. 28

关于锅碗瓢盆的是是非非

锅碗瓢盆等五花八门的烹饪器具，最先出现在人们饮食生活中的，是哪一种？

银筷子检测食物毒素，完全靠谱吗？

盘子是盘子碟是碟，它们的区别在哪里？

"美食不如美器"，这种说法对吗？

冰箱≠食品"保险箱"？

干锅，也是个菜名？

盘饰，是怎么回事？

不慎之下，掉到地上的碗碟摔碎了。在场的人，有人说："落地开花，富贵荣华"；有人说："岁岁平安"。他们为什么要这样说？

"借锅不借盖，借碗不借筷"，为什么？

……

锅碗瓢盆之类的烹饪器具，虽然经常看在眼里，拿在手上，甚至进入口中，但并不是谁都能说清它们的是是非非。

总起来说，和锅碗瓢盆打交道的职业厨师知道得会多一些，

因为他们曾接受烹饪院校、技校、厨师培训班或拜师学艺的专业教育。

就普通大众来说，其实也很早就接触了锅碗瓢盆知识。宝宝愿意自己尝试端碗吃饭了，家长便及时鼓励宝宝多动手，增强动手能力和独立性，宝宝一周岁多就能自己端碗拿筷吃饭了。长大以后，刚一走向社会，便有人关心他或她是"吃哪碗的"。

话又说回来，尽管人们很早就接触了锅碗瓢盆，还有人接受了烹饪器具方面的专业教育，可仍有这样那样的"为什么"。这是为什么呢？因为教科书和个人经历都有局限性。

中国轻工业出版社 2000 年出版的高等职业教育教材《烹饪器具与设备》，共有 9 章、30 节，37 万字，"筷子"被列入第 2 章第 3 节，不足 200 字，照录如下：

筷子 古时称"箸"或"楮"，是中餐特有的夹食用具。制造材料有竹、木、塑料、银、不锈钢等，另外还有象牙筷。其中以竹筷和木筷最多，常用的有普通竹木筷、红木筷、楠木筷、乌木筷、铁木筷、漆木筷等。筷子规格繁多，最长的云南景颇族人使用的和北京吃烤羊肉专用的筷子，最短的是儿童筷子。中国筷子举世闻名，在某种程度上它是中国饮食文明的象征，含有较深的文化内涵。

作为教材，《烹饪器具与设备》以一定的教学目的为宗旨，合理确定知识的广度和深度，才对筷子作了以上评述。其实，在这本教材之外，还有很多关于筷子的学问。比如，筷子名称的演变：因为"箸"与"住"同音，江南水乡的渔民和船民认为"箸"犯了忌讳："住"者，停也，船停了，就意味着没有生意，没有收入。于是，他们"反其道而行之"，将"箸"改为"快儿"、"快子"，又因为南方筷子都是竹子制成的，便给"快"字加了个竹字头，从此有了沿用至今的"筷子"。比如，因为"筷"与"快"同音，在举行婚礼时，人们又将"筷"转换成"快"，推出求吉利的新口彩："筷子筷子，快生贵子。"比如，著名美食家梁实秋的筷子妙论："筷子是我们的一大发明，原始人吃东西用手抓，比不会用手抓的禽兽已经进步很多，而两根筷子则等于是手指的伸展，比猿猴使用树枝拨东西又进了一步。筷子运用起来可以灵活无比，能夹、能戳、能撮、能挑、能扒、能拿、能剥，凡是手指能做的动作，筷子都能。"比如，筷子不仅是餐具，还是不可缺少的烹饪工具。拨动油锅里的油条、搅拌碗中的鸡蛋、给水晶肴肉的肉皮上戳出便于入味的一排排小洞，都离不开或长或短的筷子。再比如，我国在抗美援朝停战后，给凯旋回国的志愿军团以上干部每人发一双银筷或象牙筷，筷上铸有繁体字："反对美帝国主义侵略，保卫东方与世界和平"，这就有了"纪念筷"。如今还有代代相传的"古董筷"；包装上注明"西安清华池盒筷"的"旅游筷"；筷套上注明宾馆名称的"宾馆筷"，也称"广告筷"；不能重复使用的"一次性筷子"，也称"卫生筷"；荣获上海《大世界》吉尼斯中国长筷之最的198.8厘米的"工艺筷"……

是的，烹饪器具，大有学问。

《中国烹饪史略》告诉人们，"锅碗瓢盆"锅为先。陶器的发明，标志着烹饪器具的诞生。与陶器中的锅相比，其他烹饪器具都是"后来者"。

科学试验证明，银筷接触河豚毒、毒草毒、发芽马铃薯龙葵

毒、变质青菜硝酸盐时，因为不产生硫化物，银筷也就不会出现发黑等变化，所以银筷可以试毒的说法，并不完全可信。

餐具标准显示：盘子是盘子碟是碟。盘子比碟子大。166.7毫米（5寸）以上为盘，166.7毫米（5寸）以下为碟。

清代《随园食单》里的"美食不如美器"，实际上表达了这样一种意境：并不是美器胜于美食，也不是提倡单纯的或华美的器具，而是强调"美食与美器相伴，食美器也美，美上加美。"

饮食科普知识告诉人们：冰箱≠食品"保险箱"。

菜名研究证明：虽然铁锅、砂锅、不锈钢锅、炒锅、汤锅都属于烹饪器具的锅，可火锅、干锅却又是菜名。

在名厨大师看来，"围边"、"镶边"等"盘边装饰"，简称"盘饰"，利用其造型与色彩对菜肴进行装饰、点缀，能起到美化菜肴、增强食欲、营造情趣、烘托气氛的作用，并非多余之举。

饮食文化在"变不利为有利"：不慎之下，掉到地上的碗碟摔碎了，不能说"碎了，破了"，而是马上开口："落地开花，富贵荣华"，或利用"碎"与"岁"的同音，说道："岁岁平安"。这不仅免去了尴尬，反而增强了吉祥气氛。

烹饪器具也是民族知识的载体。"借锅不借盖，借碗不借筷"，这是回族穆斯林饮食生活中的一种现象。回族穆斯林信仰伊斯兰教，有不食猪肉的饮食禁忌。即使确有需要而向非穆斯林借用炊具、餐具时，他们仍坚持为饮食禁忌严格把关。木制的锅盖、筷子，不容易去除猪肉、猪油的遗存，所以"不借"，而铁质的锅和陶瓷的碗，容易洗刷洁净，则"可借"。

......

能不能有一本"打破砂锅问到底"的书？写写锅碗瓢盆的是是非非，为烹饪器具教科书提供一个延伸阅读的机会，为人们提供一些科学使用锅碗瓢盆的间接经验。

于是，继《烹饪刀工》、《烹饪技法》、《烹饪火候》、《烹饪调味》之后，便有了"厨行天下书系"的第五本——《烹饪器具》。

2014 年 4 月 29 日

美食与美器相伴

　　"美食不如美器"，这是清代美食家袁枚的《随园食单》里的一句古语。这句古语古到何时，不得而知，但美食讲究美器，一直可以追溯到史前时代。"美食不如美器"所表达的意境，并不是美器胜于美食，也不是提倡单纯的或华美的器具，而是强调这样一种效果：美食与美器相伴，食美器也美，美上加美。

　　烹饪器具之美，至少有三点：和谐之美，精巧之美，古朴之美。

　　和谐之美。这种和谐，是一肴一馔与一碗一盘之间的和谐，也是一席肴馔与全部烹饪器具之间的和谐。只要细心观察，就会发现美食配美器的许多讲究：贵重的食物用大的器皿盛装；平常的食物用小的器皿盛装；煎炒类菜肴用盘盛装；汤羹类菜肴用碗盛装；爆炒的菜肴用平底盘盛装；整只的鸡、鸭用深斗盘盛装；熘汁菜肴用汤盘盛装；整条鱼用椭圆盘盛装；冷菜和夏天用蓝、绿等冷色器皿盛装；热菜、冬天和喜庆菜用红、橙、黄、赭等暖色器皿盛装。由于这些讲究，我国烹饪器具品种多、分类细，古代就曾分为摄取、盛贮、具食三大类、几十种。比如，箸、刀、匕、碗、盘、杯、碟、盆、叉、钵、盂、簋。如今的烹饪器具，按照不同朝代、不同样式、不同质地、不同用途进行细分，更是五花八门，不胜枚举。美食配美器，方便人们进食，也有利于准确理解中国饮食文化的特征。上个世纪80年代，中国和日本合作出版九卷本的《中国名菜集锦》，丁、丝、块、条、片、泥、异形等菜肴形状，红、黄、棕、绿、白、黑等菜肴色泽，分别配以恰当的餐具，大小相间，高低错落，形质协调，组合得当，美食美器和谐统一，完整气派。读过此书的中外人士，都给予很好的评价。

精巧之美。各式菜肴与各种烹饪器具巧妙配合，更能展现美食美器的精巧之美，使饮食活动达到更加完美的境界。比如，菜肴与器具的配合，通常要掌握三个原则：一是菜肴分量与器具大小相适应。菜肴盛装在盘的中心圈内，不要装到盘边；菜肴占碗容积的80%~90%，汤汁不淹没碗沿。量多的菜肴用较大的器具，量少的菜肴则用较小的器具。二是菜肴形态与器具形状相适应。带汤汁的烩菜、煨菜，适于装入汤盘，如果装到平坦的圆盘里，汤汁易溢出盘边，既不卫生，又不美观。整条鱼适宜装入腰盘。如果装入大圆盘，鱼的两侧空隙较大，显得不丰满，也难看；如果装入小圆盘，鱼头鱼尾都露出盘边，更显不妥；如果装入汤盘则会使鱼身变形，显得鱼很小。三是菜肴色彩与器具色彩相协调。白色盘、红色盘、蓝色盘、绿色盘、透明的玻璃盘、黑亮的漆盘，都有烘托菜肴的功能和较强的感染力。一般情况下，只要菜肴与器具的色调统一，就会显得和谐、明快、大方。当然，如果菜肴与器具的色泽构成对比关系，也能产生凸显菜肴的效果。所以，也防止一味追求菜肴与器具色彩统一而出现色彩单调、呆板，还应遵循"调和中对比，对比中调和"的原则。

古朴之美。质朴、粗犷的古风遗韵，是烹饪器具的一个重要特点。火锅，由东汉时期的"镶斗"演变成暖锅、火锅、涮锅、菜锅。火锅置于火上，烫涮食物，围锅而食，千古不变，也就有了"传统火锅"之说。砂锅，也是一副"老面孔"，由古代陶器演化而来，它以细瓷餐具所不具备的"粗糙"和质朴之美，流传至今。北京的"砂锅豆腐"、四川的"砂锅雅鱼"、广东的"砂锅大鱼头"，都是以砂锅命名的传统名菜，经久不衰。木制烹饪器具，以山野古朴之风，给人们的饮食生活带来美感。烧麦、蒸饺、汤包、粉蒸肉、小笼牛肉，都出自大小不等的竹蒸笼。云南传统名菜"竹筒鸡"是把鸡火腿等原料装入青竹筒，用芭蕉叶塞紧筒口，斜放到明火上烧煮，边烧边翻动竹筒，约一个小时后溢出香味，取出塞口，竹的清香和鸡的鲜味融为一体，别具风味。竹筒，是云南少数民族地区世代相传的炊具，以竹代锅，历史久远。

锅碗瓢盆记录烹饪发展史

烹饪器具，是用以实现厨房生产和餐厅服务的所有器具的总称。其中，用于厨房生产的器具，简称"炊具"；用于餐饮服务的器具，简称"餐具"。这两项加在一起，品种繁多：锅、刀、铲、缸、盆、桶、罐、盒、砧、案、笼、柜、架、勺、瓢、碗、盘、碟、盅、筷、叉、匙……干脆，人们用四个字就代替了：锅碗瓢盆。

可别小瞧了这"锅碗瓢盆"，正是"锅碗瓢盆交响乐"，生动地记录了烹饪发展史。

鼎，最早的锅

　　烹饪始于火。先人直接在火上"炮生为熟"的饮食生活，经历了很久很久——《中国烹饪史略》说"至少有一百几十万年之久"。有了煮熟食物的可能,有了收藏液体和储藏食物的方便,也才使烹饪由"石烹法"进入了具有里程碑意义的新时代——陶烹时代。

　　陶烹时代。以陶器发明为标志,诞生了烹饪器具。陶罐,是最早烧成的陶器,既作烹煮器,又作盛食器。由陶罐分化出圆形、圜底、口敞而微敛的陶釜,再在陶釜底部加上三条腿,就变到了陶鼎。烹饪历史告诉人们,釜和鼎是最早问世的两种不同形式的锅。随后,各式陶器相继问世:陶甑,在底部穿孔,是最早的笼屉;陶鬲,将陶鼎的腿改成中空锥状的"袋足",从而增大受热面积;陶甑和陶鬲组合而成的陶甗,也就有了最早的蒸锅;使用了若干年的石刀也被陶刀代替了。

　　铜烹时代。以公元前1500年出现的青铜鼎为标志,烹饪由陶烹时代进入了铜烹时代。先人在制陶的基础上,发明了冶炼术,并开始制作青铜器。夏始炼九鼎,商殷重铸酒器,西周突出食器发展,春秋战国就到了"钟鸣鼎食,金石之乐"的鼎盛时期。在先人的饮食生活中,青铜器具几乎无所不能,用于煮肉、煮粥、蒸饭、盛食、储水、温酒……作为第二代烹饪器具,青铜器曾在历史上产生过巨大影响,但由于青铜器的毒性限制,随着历史的推移,渐渐被其他金属器具所取代。

　　铁烹时代。以秦汉开始的铁制烹饪器具为标志,烹饪由铜烹时代进入铁烹时代。铁锅、铁铲、铁盘、铁瓢、铁勺、铁模、铁箅、铁架等铁制烹饪器具,对烹饪有着深远的影响。烹饪专家给铁烹时代划分为四个时期:秦汉至南北朝,是铁烹的早期;隋唐至南宋,是铁烹的中期;元、明、清,是铁烹的盛期;辛亥革命至今,是现代铁烹时期。广泛使用的铁制烹饪器具,也是影响最

大的烹饪器具。尤其是铁锅，在烹饪专家看来，它是永远不可替代的烹饪器具。2005年四川出版集团巴蜀书社出版的《四智论食》，还写了这样的话："现在，联合国卫生组织不是在号召工业发达国家用中国的铁锅么！"

从陶器的发明开始，锅碗瓢盆记录了烹饪发展的悠久历史。在这条漫漫长路上，烹饪器具经历了从简单到复杂、从精糙到精致、从低级到高级的过程。人们给这个过程划分了三个时代：陶烹时代、铜烹时代和铁烹时代。在这三个时代的交替中，陶制、铜制和铁制的三种烹饪器具从未中断制作和使用。如今，人们仍在使用陶制的砂锅、茶壶、茶杯、罐钵、盆、缸，仍在使用少量的铜锅、铜盆、铜杯、铜壶、铜刀、铜模具。具有传统特色、民族特点的烹饪器具，都得以保留。

在陶制、铜制和铁制烹饪器具发明和发展的过程中，还有其他一些不同材质的烹饪器具，已经或正在烹饪器具史上发挥重要作用。

漆器。烹饪器具中最早出现的漆器，可追溯到新石器晚期，当时已有盛装饭菜用的木胎漆碗、漆盘、漆杯，轻巧美观，广为流行，但因漆易剥落且不能作炊具，在南北朝之后已很少见，只作为工艺品出现在人们的生活中。

瓷器。最早的瓷器由商代釉陶演变而成。清代是瓷器的鼎盛时期。新中国成立后，瓷类烹饪器具在恢复传统产品的基础上，不断创新。

铝与铝合金。铝质材料经过磨光、抛光、电洗、氧化着色、喷涂等处理，也用于制作烹饪器具。

钢与不锈钢。厨刀主要是以钢制成，有的还要掺入合金钢，使刀刃更加锋利。不锈钢制作的烹饪器具，具有美观大方、卫生清洁、耐腐蚀、耐高压高温、抗冲击等诸多优点，是烹饪器具发展的方向。

陶瓷与搪瓷。陶瓷，是从陶器发展而来的。搪瓷，是在金属表面涂烧不透明无机材料，从而形成的一种复合材料。陶瓷和搪瓷都可用于制作烹饪器具，但数量不大。

玻璃。用玻璃制作的杯、壶、盅、盘、缸等烹饪器具，品种多，数量大。还有玻璃煮锅、玻璃热壶、玻璃调料缸等烹饪器具，因为耐热，也广泛使用。

竹木和竹木纸。用竹木制作的筷子、碗、铲、模具等烹饪器具，质朴价廉，卫生轻便，且有传统风格。用竹木纸制作的纸盘、纸盒、纸碗、纸杯等，可再生利用，能被生物降解，不污染环境。

塑料。用塑料制作的盒、盘、碟、筷、勺等烹饪器具，轻便、价廉、美观、实用，是一种广泛使用的烹饪器具。

烹饪器具里有文化

烹饪器具直接接触食品、蒸汽、热空气等物质，有的长期在高温、高湿、频繁振动与磨擦的条件下工作。因此，在烹饪器具发明和发展的过程中，人们很注重烹饪器具的安全卫生、物理与化学稳定性、耐磨性、防腐性、功能性，想方设法满足它们的特殊要求。与此同时，在烹饪器具形状设计、图案设计、装饰手段等方面很讲究文化内涵，在烹饪器具的使用过程中也有许多文化创造。所以，人们常说"烹饪器具里有文化"。

锅，由古代的鼎、罐、釜等演变而来。作为原始锅具的鼎，在新石器晚期广泛使用，形成了一个大众化的鼎食时代。后来，由陶瓷鼎到青铜鼎到漆鼎到铜鼎，贵族用鼎，平民用鬲。"鼎食"成为地位高贵的代名词。如今，鼎虽已被各式各样的锅所代替，但在一些菜名之中作可见"鼎"。比如，广西的著名素菜"鼎湖上素"；福建名吃"鼎边糊"，也称"锅边"、"锅边糊"。由鼎而锅之后，也有很多含"锅"字的菜名：锅巴、锅盔、锅贴、锅烧米粉、锅烧羊肉、锅塌鲍鱼盒。锅的历史和文化，通过菜名进行广泛传播。在饮食行业以外，也常见以"锅"议事。医药行业为了切断医院与药品买卖的利益关系，专家撰文呼吁《医药分业该"揭锅"了》。2001年9月25日新华社公布"汉字总数九万多，常用只有三千五"，媒体对此进行报道时，标题里也有"锅"：《最新汉字统计揭锅》。这后一个"揭锅"，连引号也没加，"揭锅"成了常用语——揭锅即揭晓。再如，俗话说"锅里有碗里才有"，这是一句关于整体与局部关系的形象比喻，通俗而富有哲理。

碗，是再普通不过的餐具了，用于盛饭即称"饭碗"、用于盛菜又称"菜碗"、用于盛汤则称"汤碗"。其实，碗的作用不只这些，它还是重要的文化载体。比如，人们常用饭碗来比喻工作或职业，并以此记录时代的变迁。1949年新中国成立之初，由于连年战乱，经济基础十分薄弱，找工作时，认为能有一只结实、耐用、装满食物的"饭碗"就好，称那时是"泥饭碗"；上个世纪50年代中期以后，劳动力资源由国家统一配置，这种"统配统包"的就业形式，被称之为"铁饭碗"；1986年开始实行劳动合同制的用工制度之后，"三铁一大"（铁工资、铁饭碗、铁交椅、大锅饭）不复存在，职业选择多元化和就业风险的共同刺激，要求从业者具备良好的竞争心态、创新精神、知识素养和职业技能，这是"爱拼才会赢"的"瓷饭碗"；后来，又有了"谁付出的努力多，谁的回报就多"的"金饭碗"之说。职业这个"饭碗"，还有新说："户口是空饭碗，文凭是泥饭碗，能力是铁饭碗，素质是金饭碗。"只要细心观察，就会发现无处不在的碗文化：在餐桌上，不慎打碎了碗，不能说"碎了，破了"，而是马上开口："落地开花，富贵荣华"；在收藏市场上，一只碗的价值，成千上万；在谈论感情时，有人说"感情像只易碎的碗，一旦碎了，即使能把碎片粘起来，但裂痕是无法弥合的。"

筷子，原本只是两根小玩意儿，用来夹菜划饭，自古如此，习以为常。它除了餐具自身的独特功能，由于人们的智慧和创造性劳动，还出现了筷上书画、诗筷、名家题筷画箸等筷箸文学艺术之美。中国民间文艺家协会主席冯骥才就曾为筷箸题诗："莫道筷箸小，日日伴君餐。千年甘苦史，都在双筷间。"获赠此诗的古筷收藏家蓝翔在中国箸文化中创造了六个"第一"：1988 年在上海举办"中国首次筷展"，展出竹、木、玉、银、象牙、骨雕等不同材质的筷子 200 多双；陶、瓷、砖雕等箸笼、筷枕、匙、勺、叉等近百件；1988 年创建第一家私人筷子博物馆；1993 年出版第一部筷文化专著《筷子古今谈》；1998 年蓝翔藏筷馆收藏的重 7.5千克、长近 2 米的"筷王"，荣获上海《大世界》吉尼斯中国长筷之最新纪录；1999 年在上海举办第一届筷子文化节；2000 年第一次举行海峡两岸箸文化交流会暨大陆在台北举办"筷迷快乐筷子展"。

盘子，碟子。大一点的叫盘子，小一点的叫碟子，都具有盛放食物的功能，也都是人们用来比喻的喻体。比如，表达对某人某事的不在乎、不屑一顾，便说："那是小菜一碟"，或说："装什么大盘菜"。

在厨房里，在餐桌上，经常更换的厨具，或素雅，或富贵，或简单，或繁复，不同样式，不同色彩，无不给人们传递出各种文化气息。

通常，餐具应以单一色调为主，力求样式和花纹简洁素雅，而过于繁杂的餐具设计，容易让人产生孤独感。

一套整齐优雅的餐具，用得有章有法，能让客人有受重视的感觉。杯盘碗碟的"不成套"，看起来是一幅各行其是的杂乱画面，则会使客人感到不快。

单色餐具比较好搭配，特别是纯白色的瓷器，可百搭不厌，放在不同风格、不同色彩的桌面上，都是和谐的。比如，放在大红色的桌布上，能营造喜庆的氛围。

　　不同的用餐环境，使用不同的餐具，用小物件营造"大氛围"，能收到事半功倍的效果。

　　眼下，烹饪器具的传承、创新和科学利用，正趋向多样化、标准化、规范化、自动化，也都蕴含着丰富多彩的烹饪文化。

笼屉，由古代的陶甑演变而来

"锅碗瓢盆"锅为先

烹饪器具——烹饪过程中厨师所使用的器具设备，也称得上一个庞大的家族：有原料加工的、制品成形的、加热成熟的、餐具洗涤的……为了方便使用和经营管理，人们也像在菜谱里划分热菜、冷菜、汤羹、主食和酒水那样，将烹饪器具划分为6类：

1. 炉灶具。用于烹饪加热的设备，包括使用柴草、煤、煤气、电等能源的各种炉灶。

2. 炊具。用于临灶操作的工具，包括各种锅、勺、铲、笼屉等。

3. 面案工具。制作面点的用具，包括面团加工、面点成形、制馅、加热熟制等用具。

4. 切割用具。切割原料的工具，包括各种刀具和砧墩等。

5. 厨用机具。用于烹饪的各种机械设备，包括具有切、削、粉碎功能的机具、面食机具、加热机具、洗涤机具、冷冻机具、拌和成型机具等。

6. 厨用杂具。其他烹饪用具，包括案板及各种原料盛器等。

如此划分之后，大大小小、五花八门的烹饪器具，都有了自己的"分支"。

再进一步细化，为了便于口头交流和文字表述，人们只用四个字便能代表烹饪器具的全部——锅碗瓢盆。

"锅碗瓢盆",人云亦云。如果对这个习惯用语进行一番探究,则不是"脱口而出"那么简单,因为它关乎中国烹饪漫长的历史……

人们为什么将锅列为"锅碗瓢盆"的第一位?也许因为锅的种类多,也许因为锅的用途广,也许更是因为锅的历史长——是"领先"问世的烹饪器具。

《中国烹饪百科全书》记录了最早的锅:"锅是由古代陶罐演化而来。约在距今 1 万年以前,出现陶土制的原始锅具。"

陶器的出现,是人类继用火熟食之后,与自然界斗争取得胜利的又一个里程碑。它标志着人类历史进入了新石器时代,能用盛器煮熟食物,能用盛器收藏液体饮品,能用盛器储藏有营养的饮食原料,从而减少了饥饿的侵袭,促进了定居生活。

历史学家描绘了陶器孕育的场景:在悠远的上古时代,月光下,人类的祖先围火而坐,一边取暖,一边吃烤熟的食物。食物很热,不能直接用手抓着吃。他们本能地从旁边抓起一块湿土,将食物放在上面。湿土受热,由湿变干,变成了粗糙的瓦形,从而进入了陶器的孕育阶段。

历史学家还告诉我们,最先出现的陶器是陶罐,既做蒸煮器,又做盛食器。从陶罐分化出来的一种圆形、圜底、敞口而微敛的炊具——陶釜。陶釜的底部加上三条腿,便演变成陶鼎。鼎足由实心变成中空锥状的袋足,便是陶鬲。陶鬲底部穿孔,变成了陶甑。陶甑置于陶釜或陶鬲之上,便成了陶甗。这样一来,陶制厨具的种类多了,便有了各自的分工:陶鼎,主要用于煮肉,是烹制菜肴的锅;陶鬲,是煮粮食的饭锅;陶甑是最原始的笼屉;陶甗是最原始的蒸锅。

后来,人们在考古中发现了公元前 1500 年出现的青铜鼎,被

视为铜烹时代具有标志性的铜锅。

公元前 470 多年前的东周时期，有了用于烹饪的铁鼎。这在 1976 年得到了考古界的证实，考古队在湖南长沙杨家山 65 号春秋晚期楚墓中发现了这个铁鼎。

公元前 200 年左右的汉代，有了用于小炒的炒锅和夹层蓄热的蒸锅。在河南南阳出土的汉代大铁锅，口径 2 米，与现代铁锅十分相似。

到了唐代，铁锅由厚变薄，样式也不断推陈出新。

元明清时期，是铁锅制造和使用的鼎盛时期，技术不断进步，名牌铁锅纷纷涌现。湖南、山东、山西、四川都有当地的名牌铁锅。广东无锡王源吉冶坊生产的铁锅闻名大江南北。广东佛山还把铁锅销往海外。

时至今日，铁锅仍是烹饪活动中不可缺少的重要器具。

有人说，烹饪器具是一个时代烹饪方法的直接"证人"。这话不无道理。现在，我们再回过头来看中国烹饪的历史：

发现与运用火，使人类结束了茹毛饮血的生食时代——蒙昧时代，进入了炮生为熟的熟食时代——文明时代。

发明了陶器并用于烹饪食物，使人类从直接用火烧烤熟食发展为用陶器间接加热熟食，解决了人类食谷问题，变成"蒸谷为饭"，把人类的饮食生活推向又一个新时代——文明、卫生的新时代。

陶器的发明，标志着烹饪器具的诞生。与陶器中的锅相比，其他烹饪器具都是"后来者"。"锅碗瓢盆"锅为先，也就"顺理成章"了。

锅 之 种 种

锅，不仅在烹饪厨具中问世最早，而且是适用范围最广、使用数量最多的烹饪器具之一。

由于和厨师接触较多的缘故，笔者也对研究锅的兴趣渐浓。有一次，参加厨师朋友的婚礼，新郎把对锅的情感带入了这个新婚之家，他说："我们从此就要长久地'同吃一锅饭'了，吃就吃它个丰富多彩，吃就吃它个有滋有味，所以锅多。"果然，既有他自己买的大锅小锅，也有亲友赠送的深锅浅锅。看到这么多锅，又联想到饭店和商店里不同规格的锅，便形成了一个问号：烧菜做饭多少锅？于是，在较长的时间里，笔者读书看报时，注意"纸上寻锅"，现将锅之种种，记录如下：

1. 铁锅。有的用生铁制成，多用于煮饭、蒸饭；有的用熟铁制成，多用于烹制菜肴。

2. 炒锅。多以生铁铸制，浅底，弧形，锅边有耳或柄，便于抓握和铲炒颠翻，主要用于烹炒菜肴。有大、中、小之分。

3. 烧锅。多以生铁或熟铁制成，形如炒锅，比炒锅大，适用于烧、煮，也可上置笼屉，用于蒸制等烹饪技法。

4. 煎锅。多以生铁或熟铁制成，平底，适用于煎、贴、烙等烹饪技法。

5. 火锅。以铜、熟铁或陶瓷制成，下有连为一体的加热器，主要适用于涮制烹饪技法。

6. 高压锅。以铝合金或不锈钢制成，密封式炊具，由锅身、锅盖、蒸格、蒸架、安全塞、气阀、限压阀、密封圈、长手柄、短柄等组成。其原理为锅身、锅盖结合处以胶圈密封，使蒸汽受控，缩短原料成熟时间，节省燃料，特别适用于高原低气压地区，有利于解决沸点低食品不易成熟的问题。适用于煮、焖等烹饪技法。

7. 砂锅。以陶土制成，多为小型炊具，圆形，有大有小，适用于炖、焖、煨等烹饪技法。

8. 汽锅。多以陶土制成，锅底中部有一汽鼻，蒸汽由此进入锅内，适用于蒸制技法。

9. 铝锅。以铝制成，有铸制、模压制两种，有大有小，适用于菜肴的烧制、煨制和煮饭、煮粥。

10. 铜锅。以铜铸成，有大有小，通常为深锅，用于做饭、熬粥或烧煮菜肴。现已不多见。寺院中有可供成百人吃饭的大铜锅。以红铜敲制而成的炒锅，现已罕见。

11. 不锈钢锅。以含镍、铬等合金钢制成，不生锈，易传热，烹制食品快。

12. 搪瓷锅。以搪瓷制成，有多种规格，用于煮饭、熬粥、炖煮汤菜。

13. 玻璃锅。以低膨胀系数耐热微晶玻璃制成，强度高，耐磨性好，膨胀系数小，热稳定性好，比重轻，透明度高，用于炖、煮菜肴，可随菜直接上桌。

14. 卤锅。专门用于制作卤菜的锅。常用于酱卤菜工厂或大饭店。通常用大型生铁锅，有的上带木甑，便于一次卤制大量的酱肉、烧鸡、盐水鸭等。

15. 行锅。熟铁或钢板制成。长方形，平底，有锅沿、锅耳。一般长约 1 米，宽 45 厘米，深 15 厘米。用于制作油条。

16. 煎锅。以生铁或铝制成，平底浅口。用于制作锅贴、煎包、馅饼和烙制家常饼、大饼等。小型煎锅带把，又可用于煎鸡蛋等。

17. 烙饼锅。多用生铁铸制，较小较浅，用于烙制家常饼。

18. 吊锅。生铁或熟铁制成的深锅。顶有梁，便于提携，主要用于野外烹饪。

19. 深锅。生铁铸成，口和底略小，中部略膨出，有大有小，主要用于卤菜、制汤、炖煮肉类菜肴。

20. 铜锣锅。选用红铜经手工精制而成，由底、盖组成。底大顶小，底部两侧有固定提手，主要用于焖饭。常见于云南民间。

21. 拗锅。由木杠、锅和 3 根铁链组成。所用炉灶为一明一暗的敞口灶各一个。木杠一端系 3 根铁链，吊住糊有泥的铁锅，木杠中间系绳悬于空中。使用时，将横杆上的泥锅拗向明火灶上烧至发红，再拗向另一边的暗火灶上烘烤，直至食品成熟。主要用于烘烤饼类和点心。

22. 汽锅。锅腹中心有一空心管柱，是气嘴。蒸制鸡、鸭时，将原料、佐料放入锅内，不需加水，盖好锅盖，蒸汽从气嘴进入锅内，使原料成熟。食用时，连锅上席。

23. 火锅。有铜制的、铝制的、陶制的。锅中有一喇叭筒，下连中空底座，有口供通风、出灰；中间有箅，供燃炭；喇叭筒周围为环状锅，有盖；喇叭口露出排烟。锅内贮汤汁。炭燃锅沸，将薄肉片入锅涮食，或将荤素原料码入锅内，煮食。

24. 隔舱暖锅。外形与火锅相同，只是环形锅被分隔成 2 段、

4 段、8 段不等，可将不同食料、汤汁加入各隔舱内，制成不同口味的菜肴。

25. 酒精锅。铜制。上为一小型锅，下为金属托盘，中间是镂有花纹的铜圈，托盘中燃酒精，待锅内沸腾，将切好的原料入锅烫熟即食。

26. 品锅。以铜、锡或铝制成。带盖，分三档，呈"品"字形，可装入鸡、鸭等原料，制熟后连锅上席。

27. 电炒锅。由电热盘、炒锅、锅盖等组成，功率有 700、900、1200、1500、2000 瓦等，锅体有铝、铜、不锈钢、铸铁、低炭钢等。安全、卫生、方便、耐用。有自动控温式、调温式和整体式、分体式等，用于炒、煸、炸、烹等烹饪技法。

28. 电饭锅。由加热器、内锅、锅盖、开关、磁钢限温器、自动保温器、指示灯等组成，规格多，用于煮饭。饭熟自动断电、保温。也可煮制汤类食物。

29. 电粥锅。与电饭锅基本一样，只是多了煮粥器和双层蒸笼，煮粥时汤不外溢，同时可蒸制食物。粥熟自动断电、保温。

30. 电热锅。与电饭锅结构、原理相似，用于烧煮汤菜、加热食物，也可煮饭、蒸馒头等。

31. 电煎锅。由电热器、恒温器、锅体等组成，用于煎、烙、焙等烹饪技法，可自动控温，使用方便。

32. 远红外线煎包锅。由横装在锅底的 3U 型远红外线管产生热能，传热均匀、卫生、耐用，使用方便。用于煎包、煎饼、煎饺、炸油条等。

大厨用好锅

在名师大厨看来，做什么菜就要用什么锅，这也正如古语所说，"工欲善其事，必先利其器。"

然而，"用好锅"，也不是一件很容易的事情。从东北来到广东，闻听"鼎仔"，知道那是"小锅"吗？走进少数民族用品商店，看见"净底大锅"，知道它与"深锅"、"铁牛"、"鼎锅"、"吊子"是同一种锅吗？打开烹饪古籍，知道"鼎是煮肉的锅、鬲是煮饭的锅、甑和鬲结合是最早的蒸锅"吗？诸如此类，对于本地以外和古代的锅，作为职业厨师，不可知之不多，更不可一无所知。特别是在东西南北菜系大交流的当下，"南菜北上"，"北菜南下"，"东菜西进"，"西菜东输"，各地的厨师随之流动，也就很有必要了解锅的别名，这是"用好锅"的一个前提。例如：

炒锅：也称"炒勺"、"炒瓢"、"炒镬"、"耳锅"。

汤锅：也称"烧锅"、"汤罐"、"汤镬"。

烧锅：也称"汤锅"、"蒸锅"、"笼锅"。

煎锅：也称"平锅"，俗称"浅锅"。

铝锅：也称"钢精锅"。

砂锅：俗称"瓦罉"、"炖钵"。

烙饼锅：也称"饼铛"。

深锅：也称"铁牛"、"鼎锅"、"吊子"；满族人称"净底大锅"。

拗锅：也称"鳌锅"。

火锅：也称"涮锅"、"暖锅"。

压力锅：也称"高压锅"、"巴本锅"。

电饭锅：俗称"电饭煲"。

酒精锅：也称"生片锅"、"小鸡锅"、"野鸡锅"、"菊花暖锅"。

大鼎：广州、潮州对"锅"的俗称。

鼎仔：广州、潮州称小锅为鼎仔。

炒锅，更适合菜肴的急火速成

熟悉锅的别名之后，面对锅之种种，"用好锅"，除了选择适当的锅用来烹饪以外，还应注意锅的正确使用和科学保养。对此，名厨大师也积累了不少经验：

铁锅。铁锅一般不含其他化学物质，用其制作菜肴或主食，即使有少量铁物质溶出，人体吸收了也有好处。但应该注意的是，普通铁锅容易生锈，如果人体过多地吸收锅锈——氧化铁，就会危害肝脏。铁锅防锈有办法：一是不要盛装食物过夜；二是不用洗涤剂刷锅；三是刷完锅要擦干水迹；四是如有轻微锈迹，可用点食醋擦洗，不要用钢丝球擦锅。另外，生铁锅容易碎裂，不宜摔碰。

铝锅。铝锅的特性是热分布优良，传热效果是不锈钢锅的16倍，但使用不当，铝会大量溶出。长期食入而积累的铝，不利于人体健康。

不锈钢锅。不锈钢锅美观耐用，但长期接触酸、碱类物质，其中的微量元素会被溶解出来，对人体健康有害。因此，不要在不锈钢锅里存放盐、醋、酱油、菜汤等；不要用苏打、漂白粉、次氯酸钠等强碱性、强氧化性的东西洗涤不锈钢锅；不要用不锈钢锅熬中药。使用不锈钢锅，更应注意掌握火候，防止糊焦。

陶瓷锅。陶瓷锅曾被认为无公害炊具，但近年来也有使用后出现中毒的报告。据专家介绍，有些瓷器表层彩釉含铅，烧瓷器时温度不够或涂油配料不符合标准，就会使瓷器表层含有较多的铅。应选购表面光滑平整、搪瓷均匀、色泽光亮的陶瓷锅。热烫的陶瓷锅不可置于冰冷的灶台、铁板、水泥台面或凉水上，以防爆裂。陶瓷锅容易碎裂，不宜摔碰。

砂锅。砂锅的釉中含有少量铅，新买的砂锅最好先用4%的食醋水浸泡煮沸，可去掉有害物质。砂锅内部有色彩的，不宜存放酒、醋等酸性食物。砂锅宜用慢火炖制。

火锅。紫铜挂锡火锅耐水耐盐耐酸腐蚀，且因挂锡而避免氧化铜对肠胃的刺激，使用寿命长，是火锅中的高档品；铝火锅、紫铜火锅，都易受酸菜中的乳酸腐蚀，吃完火锅要及时刷洗。铜

火锅、铝火锅的导热性好于搪瓷火锅。

不粘锅。用不粘锅炒菜时，不要用铁铲子，防止破坏不粘锅涂层，释放出不利于人体健康的有害物质。

以上提及一些常用的锅，还有一些不常用的锅和已经被淘汰的锅。这些锅，都记录在中国烹饪器具的发展史上。烹饪器具的每一次进步，都与烹饪技术的进步密不可分。同样，烹饪技术的进步也促进了烹饪器具的技术革新和新产品开发。例如，铜质器具出现之后，才产生了高温油烹法；铁质器具出现之后，才有了更多的烹饪技法，特别是复合烹调法；石磨和机磨出现之后，才有了精制的面点和其他主食品种。

永不消失的大锅饭

　　锅，最简单、最直观的区别，在于锅的大或小。因此，人们常常提到"大锅饭"、"小锅饭"；"大锅菜"、"小锅菜"。且说这大锅饭，加上个引号——"大锅饭"，就成了一种制度，即绝对平均主义基础上的"大锅饭"制度。"打破大锅饭"曾是某一时期叫得很响的口号。分配制度不是本文讨论的内容，还是说说厨房里的大锅饭吧。

　　大锅饭，作为一个概念的流行，最早可追溯到1958年的"人民公社化运动"。在那场声势浩大的全民运动中，口粮由公社、生产队掌管，农民不在自己家里自炊自食"小锅饭"，而是一起到公共食堂去吃"大锅饭"——用一个大锅煮的饭。

　　这种大锅饭，是经济困难时期的产物。如今，社会已由"有啥吃啥"进入"吃啥有啥"的新时期，在一些饭店用餐，只要交了菜钱，就可以随便吃大米饭，随便吃白糖、酱油、精盐、醋、辣椒酱、胡椒粉等，甚至可以随便喝汤。这"随便吃"的种种，其实也属于"大锅饭"。从这个意义上说，大锅饭从来没有消失过。

　　大锅饭从简单到丰盛，体现了社会的进步、经济的发展以及物资的充裕。正如一位学者所说：考察人类的文明史，就是一个大锅饭随着生产力发展不断丰盛的历史。

如今，提起大锅饭，人们习惯另一种叫法："团餐"——团体用餐。

在部队，从过去的埋锅造饭到现在的野战厨房，都离不开行军锅，用来煮大锅饭、做大锅菜。长期服务于空军部队后勤部门的齐结存先生，送给笔者一张 2001 年的剪报，图文并茂，介绍《大锅饭王张小龙》：平均每天要发酵十几袋面，和面不完全依赖和面机，还手工揉碱，让新兵吃上最好的馒头；新兵三四百人用餐，一种菜下锅就要上百斤，没有现成的炒法，他就刻苦钻研，多方求教；挥舞大铲炒大锅菜。北京天通绿园美食城副总经理兼餐饮总监的苏喜斌，1979 年入伍，从做大锅饭的炊事兵开始，不断提高厨艺，先后担任沈阳军区厨师培训中心教研室主任、沈阳军区厨师鉴定所副所长，经历了 30 多年的军旅炊烟。他转业后，在部队练就的"大锅菜"的厨艺，又在社会餐饮行业显露出"大手笔"，就连他所服务的经营场所，也选择规模较大的生态园，而且一家比一家大：由辽宁省朝阳市的 1200 平方米生态园，到辽宁省抚顺市的 1600 平方米生态园，再到北京市昌平区的 1800 平方米生态园。

在学校、机关、企业的食堂，用餐人数多，也就离不开大锅饭、大锅菜。中国烹饪大师李建国对大锅饭很有研究。在他看来，"大锅饭"也包括"大锅菜"。他主编的《中国大锅菜》2009 年出版后，很受欢迎。他并未就此止步。有报道说，"李建国正在整理自己多年制作大锅菜的经验。他说，全国大约有一亿人吃团膳，是餐饮的很大一块。他希望把自己一辈子的经验拿出来，搞成教材，为做好大锅菜尽一份责任。"

在提供饮食服务的农家院，很在意用大锅饭吸引城里的游客。

2008 年，笔者在河北省保定一个经营大锅菜的农家院看到，锅下的燃料依旧是"过去式"的树皮柴草。他们采用的烹饪技法，大多是煮、炖、焖、蒸，没有多余的装饰与工艺性，讲究原汁原味。在农家院的厨师看来，蒜瓣、蒜片、蒜粒，都属于"蒜味不足"，他们采用"古风犹存"的传统捣蒜方式：将去皮的蒜瓣装入蒜缸，用蒜锤千锤百捣，制成蒜泥，加入凉菜之中，拌匀。那才是真正的蒜味浓郁，蒜香喷薄。这里的回头客普遍认为，"大锅饭，很养人。"

大锅饭不只出现在部队食堂、机关食堂、企业食堂、学校食堂、农家院，会议用餐、婚宴等也都离不开大锅饭。

制作大锅饭、大锅菜，用的是专用锅。通常使用"锅身大，浅而平"的锅。只会用小锅的厨师，未必能做好大锅饭，炒好大锅菜。所以，交流大锅饭制作技术，也是全面提高烹饪技术的一个重要方面。

大锅饭里的锅巴

　　大锅煮饭，饭熟之后，将饭盛出、刮净，剩下的那一层，是贴锅结成的"锅底饭"，被称为焦饭、饭焦、锅焦，锅巴。"焦饭、饭焦、锅焦"，都有个"焦"字，为了不由此联想到"焦糊"的样子和味道，人们渐渐统一了对它的叫法——锅巴。

　　锅巴，在不同历史时期，有着不一样的制法、吃法和说法。

　　制作锅巴，最早的方法是先把米饭盛出来，剩下薄薄的一层，再把灶下的余火划一划，或略添一点柴草，让火舌慢慢舔，直到那软软的饭粒子变得焦黄香脆，锅巴在加热中起脆剥离，再用大铲从锅底铲起。人们在黄河小浪底施工区调查文物时发现，清河口的一处龙山文化遗址中，陶鬲片上有一层熟食遗物，黄色，厚度如纸，约10平方厘米。经考证，这熟食遗物就是锅巴。考古发现锅巴的20世纪90年代，在"面食之乡"山西建起了锅巴生产车间，以大米、玉米、面粉、小米等五谷杂粮为原料，采用独特的螺杆挤压工艺，通过多功能整形设备，生产出来的锅巴，又薄又脆，不仅有方形、菱形、毛豆形、锯齿形等多种形状，还有甜、辣、咸、香等不同的口味；在湖南、广东等地，一个个锅巴生产线也纷纷投入生产。这些锅巴生产企业，有的还引进国外技术和设备，通过自动化生产线生产锅巴。

　　锅巴的吃法，也发生了巨大的变化。在老年人的记忆里，锅巴只是儿时的一种零食，因为那时生活困难，食品工业也不发达。其实，早在唐代就有了用锅巴制作的菜肴。例如，用糖汁或肉末汁浇在锅巴上，拌制成民间小吃。到了清代，锅巴不仅是零食、小吃，也成了入馔的名吃。以锅巴为原料的菜肴，甚至还被称为"天下第一菜"。相传，清代乾隆皇帝下江南时，来到无锡的一家小饭店用膳。由于时已过午，店家米饭售完，就连菜肴也所剩无几。店家见来客衣着豪华，气派不凡，不敢怠慢，情急之下，取来锅中留下的锅巴在滚油中炸酥，连同虾仁、熟鸡丝、高汤制成的浓汁，一并端上餐桌。店主把浓汁浇在锅巴上，盘中立刻发出"嘶啦，嘶啦——"的响声，同时冒出一缕白烟。乾隆皇帝被吓了一跳，问："这是什么菜？这么厉害？"店家明知这菜名为"虾仁锅巴"，却随机应变，笑着回答："春雷惊龙"。乾隆听后，虽心里嘀咕"朕还真被这东西给惊着了"，可饥不择食，感觉这菜鲜味异常，香酥可口，当即赞叹道："此菜'可谓天下第一菜'啊！"

　　同是这道"虾仁锅巴"，在抗日战争时期，每当汤汁浇到锅巴上，雾气腾空升起之时，围坐者便欢呼："轰炸东京"——以此表达抗日救国的爱国主义情怀；在南京沦陷时，这道菜又叫"平地一声雷"——喻意"席间一声春雷响，震醒欲醉多情人"，同样起到一种教化作用。

　　锅巴菜肴，与锅巴配伍的原料很多，从菜名就能看得出来：鱿鱼锅巴，海参锅巴，红薯锅巴，番茄虾仁锅巴，麻辣虾仁锅巴……

　　锅巴有很多种吃法，也就有了各种各样的说法，述说锅巴在人们饮食生活中的零食作用、饱腹作用、食疗作用。

　　"不为吃锅巴，不围锅台转"，这句谚语是儿童喜欢吃锅巴的

真实写照。在生活困难时期，孩子们没有别的零食，便以锅巴充当零食，"嘎巴、嘎巴"地嚼，还不断变换咀嚼的方位，让焦香萦满口腔。这些吃锅巴长大的孩子们，如今也有了自己的孩子。他们把儿时吃锅巴的快乐讲给孩子们听，有的还写成文章发表。在湖南省岳阳市米香源食品有限公司的网页上，不仅介绍他们生产的各种优质锅巴，还在"锅巴考源"栏目里收集了多篇"记忆中的锅巴"：《吃锅巴》、《想吃锅巴》、《我想念锅巴》、《锅巴锅巴我爱你》……

　　成年人吃锅巴的历史故事，则给人以"锅巴救命"的启示。晋代有一个名叫陈遗的军官，从小养成爱惜粮食的好习惯。一天，他看到厨房扔掉许多锅巴，感到很可惜，便让厨师收好，别浪费。这样，日复一日积累了好几麻袋锅巴。不久，战争爆发，在没有粮食的困境中，他们靠吃那些锅巴度日，终于等来援兵，转败为胜。相传，还有一个十分孝顺的小官吏，因为母亲爱吃锅巴，便随身带一个布袋，每天将郡府里剩下的锅巴收集起来，带回家孝敬母亲。后来，他被征参军，收集的很多锅巴来不及送给母亲，又舍不得丢掉，只得带在身边。就在这时，他所在的部队在战斗中被击溃，逃到山野。他靠随身携带的锅巴幸存了下来。后人还将他的事迹写入《孝子传》。

　　在喜欢吃锅巴的名人当中，慈禧是出了名的，有时吃锅巴片，有时吃锅巴菜，有时将锅巴研细当补品吃。略微炭化之后的锅巴，部分糖得到分解，食后易于消化，而对锅巴的细嚼慢咽，则会渗入大量的唾液酶，能振奋胃肠机能，促进胃肠蠕动，有助于消化吸收。

怎样做好大锅菜

与大锅饭相比，制作大锅菜要复杂一些，难度也就大一些。拿采用的烹饪技法来说，大锅饭常常是"一煮了之"，只要掌握好米和水的多少，再看好火候，就等着米饭飘香了。制作大锅菜则不这么简单，包括煮在内的几十种烹饪技法，都是轮番使用的"武艺"。那么，怎样才能做好大锅菜呢？

大锅菜的原料要搞好初步处理。生处理：土豆、藕、莴笋等含淀粉多的蔬菜，刀工处理之后，应马上用清水泡一下，防止长时间与空气接触而起化学变化——变黑变黄。熟处理，通常有三种情况：一是芹菜、菠菜、菜花、蒜薹等蔬菜焯水，水要开，火要旺，菜量要少，断生即捞，捞出后马上用凉水浸透；二是土豆切成丁或块，用七成热油炸成金黄色即可，而茄子则必须用极热的油炸成浅红色，外焦里嫩，熟软如泥；三是上浆，用鸡蛋、盐、水淀粉给肉上浆后，过油划开，当天划出来的肉，尽量当天用完，防止出现"油碇子"味。

大锅菜投放原料应先后有序。一般来说，大锅菜的原料，有主料，又有辅料；有荤料，又有素料，所需的火候也有长有短，有强有弱。"土豆烧肉牛"这道菜，应掌握好投放土豆的最佳时间，不能投放过早，否则会将土豆烧烂成糊。诸如此类的菜肴，

都需等肉类原料将熟时再下蔬菜类原料，从而保证荤素原料一起成熟，恰到好处。"烧茄子"这道菜，除了炝锅时放蒜之外，菜快熟时再放点蒜末，有一股浓烈的蒜香味，能迎合大多数人的口味，吃菜时也就不用另吃生蒜。"菠菜炖豆腐"、"鸡蛋炒芹菜"，都是通过原料的对比色，制成好看又好吃的菜肴。制作时必须讲究程序，不能拿来原料就烩、就炒，就连焯水后的芹菜、菠菜没用凉水过透，也会发黄发锈；豆腐不先用水焯一下，菜里的豆腐容易散乱，甚至形成混沌的一团糟。

大锅菜中途不能加水。大锅里的原料多，有的原料需要中火或小火长时间加热，容易出现菜还没熟汤汁已干的问题。因此，制作大锅菜要一次性加足水。一般来说，烧菜的加水量，以将原料全部淹没在水里为好。如果菜已成熟，菜汤过多，可采用大火收汁的办法，减少汤汁；如果菜没成熟，菜汤已干，必须加水时，也只能加开水，这是没有办法的办法了。

大锅菜也很讲究调味。通常，人们对大锅菜的味道没有过高要求，只要咸淡适中，能下饭就行。但是，厨师制作大锅菜也会在"烹调五味香"上下功夫。中国烹饪大师冯志伟在厨师培训班上说，"大锅菜"也能做出"小锅菜"的味道，他为此特意讲了一个菜例：炒三丁，借鉴"酱爆"技法，用大料、面酱、葱姜末炝锅，改甜口为咸口，肉丁、土豆丁、青椒丁，红、黄、绿相间，则酱香浓郁，味道可口。

大锅红烧菜上色的技巧。大锅一次烧出一大盆红烧菜，如果单靠在锅里先炸干血水，再下锅上色，会延长烹饪时间，还容易出现问题，上色效果不好，甚至汤中有色而菜无色。解决的办法是，先将原料拌入酱油，下到五至六成热的油锅里稍炸一下捞出。利用这种"走红"的技巧，不仅鸡、鸭、猪肉、猪蹄等色泽红润，凸显红烧菜的特色，还能借助油温对原料进行初步熟处理，从而缩短后续的烹饪时间。

生生不息的大锅菜

　　大锅炒整筐菜的小窍门。韭菜、菠菜、白菜等蔬菜，放到一口大锅里，一次炒出来，要想成熟一致，脆嫩又不失水，关键是掌握好三个窍门：大火，热锅，热油。大火将锅底烧得满膛是火，锅热炽人时，倒入油，油温升至六七成热时，倒入蔬菜，快速翻炒。这样的"大火"，能使"热锅"成为快速传热体，在短时间内将菜炒熟，缩短烹饪时间，防止蔬菜失水；"热油"有助于传热，将菜烫熟，又能给菜肴增加香味。

　　制作大锅菜，还有两点值得注意：一是不宜三种颜色以上的原料放在一起烹制，那样容易给人一种搅合在一起的杂合菜的感觉；二是大锅菜里的菜量不宜过多，特别是白菜、菠菜、元白菜等水分大的蔬菜，容易出汤，生熟不匀，使色、香、味、形和营养都受影响。一般情况下，一大锅菜，分十份为好，也便于计算成本。

借锅不借盖

在回民的饮食生活中，有一种说法："借锅不借盖，借碗不借筷。"这是为什么呢？

回答这个问题，得从两个方面说起。一是回民有"大分散，小集中"的居住特点，在不同地区与不同民族世代为邻，互通有无的时候，就出现了"借"；二是回民在外用餐，炊具或餐具不足的时候，也会临时"借"。在非借用非穆斯林的灶具或餐具不可时，回民坚持两点：一是不多借；二是有选择地借——"借锅不借盖，借碗不借筷。"这是因为，锅经过烧、涮、洗，可清除油脂等残留物；碗也能洗涮干净。但木制的锅盖、筷子，却不易去除油脂等残留物。

从研究清真饮食历史的角度来看，回民"借锅"、"借碗"的"借"，也可以从借用实物延伸开来，讨论一下回民借鉴其他民族灶具、餐具的情况。陕西人民出版社 1997 年出版的《中国饮食文化研究》，在考证清真"涮羊肉"的来历时，便提到回族借鉴汉族的灶具——火锅。书中写道："涮羊肉就是应用汉族涮锅子（火锅）的方法，加以提高而成的，此菜盛行于清代，成为北方清真菜的代表菜。"

写作《中国饮食文化研究》的王子辉先生，是我国饮食文化研究的著名学者、烹饪理论家。他 1934 年出生于西安。古城西安是我国回族先民最早居住的地方之一，现仍有"全国居住最集中最典型的都市回族社区"——回坊。王子辉经常出入回坊，肯于在清真饮食文化研究的广度和深度上下功夫，不断推出新的研究成果。他在《清真菜的传入与变迁》中写及因锅而命名的又一道清真名菜——锅塌。

锅塌，是回民的一种主要面食。先把面粉、豆粉、玉米粉、荞麦粉发酵，倒入植物油，揉匀，然后拃成小馒头或小花卷形状，放入热锅，盖严，文火加热，焖为主，烙为辅。熟后，贴在锅底的一面烙成硬底，上面则像蒸馍，膨松酥软。这样的锅塌，可做成单个的，也可做成连体的——多个贴到一起，做成一个大锅塌。

在西安，还有一些以"锅"命名的清真名菜。陕西旅游出版社 2000 年出版的《清真饮食文化》，就详细介绍了锅贴、牛肉锅贴。

北京科学技术出版社 1985 年出版的《北京清真菜点集锦》，也有不少以"锅"命名的清真名菜：锅烧鸡、锅烧鸭、锅烧羊肉、锅塌羊肉、锅塌豆腐、砂锅牛尾、砂锅鱼翅、砂锅杂碎、铁锅烧鸡蛋……

清真餐饮企业很讲究"大厨用好锅"。回民家庭也认为"锅碗瓢盆"锅为先。司厨者根据需要，选用不同的锅：炒锅、汤锅、烧锅、煎锅、铝锅、砂锅、烙饼锅、深锅、拗锅、火锅、压力锅、电饭锅、铁锅、陶瓷锅、不粘锅、不锈钢锅……

随着清真饮食事业的发展，锅的新产品不断问世。在 2011 年 7 月举行的中国（银川）清真美食旅游文化节上，展出了一种新型电磁锅，锅的围档加高 10 厘米，能防止煮面时汤水外溢。这是专门为喜欢吃煮面的西部穆斯林研制的，果然受到欢迎。

回族谚语说："回回妇女讲锅灶，蒸炸烹调有绝招。"回民还在锅的正确使用和科学保养方面积累了不少经验。

铁锅防锈有办法：一是不盛装食物过夜；二是不用洗涤剂刷锅；三是刷锅后擦干水迹；四是如有轻微锈迹，可用点食醋擦洗，不要用钢丝球擦锅。

不锈钢锅美观耐用，但长期接触酸、碱类物质，锅中的微量元素会被溶解出来，对人体健康有害。因此，不要在不锈钢锅里存放盐、醋、酱油、菜汤；不要用苏打、漂白粉、次氯酸钠等强碱性、强氧化性的东西洗涤不锈钢锅；不要用不锈钢锅熬中药。

砂锅的釉中含有少量铅，新买的砂锅最好先用4%的食醋水浸泡煮沸，去掉有害物质。砂锅内部有色彩的，不宜存放醋等酸性食物。砂锅宜用慢火炖制食品。

紫铜挂锡火锅，耐水耐盐耐酸耐腐蚀，使用寿命长，是火锅中的高档品；铝火锅、紫铜火锅，都易受酸菜中的乳酸腐蚀，用后要及时刷洗；铜火锅、铝火锅的导热性好于搪瓷火锅。

用不粘锅炒菜时，不要用铁铲子，防止破坏不粘锅涂层，释放出不利于人体健康的有害物质。

菜名里的"锅"

　　2013年5月下旬，关于最适合做回锅肉的猪种是否濒临绝种的问题，在社会上引起不小的争论。有人从原料上关注回锅肉的"肉"，有人从"先煮后炒"还是"先蒸后炒"的制法上比较回锅肉的"回"，笔者研究菜名的名堂，想说说回锅肉里的"锅"。

　　锅，从最原始的陶釜、陶罐、陶鼎演变而来，既是炊具，又是餐具。它不仅在烹饪器具中无可替代，还经常出现在菜名之中。打开各地的菜谱，都有带"锅"字的菜名："大锅菜"、"小锅菜"、"一品锅"、"火锅"、"砂锅"、"干锅"、"汤锅"……

　　锅入菜名，使菜肴命名多了一种方法——以烹饪器具为菜肴命名。这种命名方法，不是"寓意法"，而是"写实法"——因锅而菜，以锅为名。在含有"锅"字的菜名后面，往往还有一个个生动的菜名故事。

　　锅塌。这道菜与一位皇帝有关。传说，很久以前有一位皇帝外出私访，在青海一个人烟稀少的地方找不到吃饭的地方，饿了两天之后，才遇上一位老人送给他锅塌吃。这锅塌以青稞面、豆粉为原料，发酵后制成馍状，放入锅内，用文火间歇式烧烤一个多小时后，下面烙出硬底，上部烤得很暄。皇帝吃了，解饿又美味，留下美好而深刻的印象。回到宫中，皇帝又想到了锅塌，便

和宫中御厨说，锅塌是"下烙上烤"的馍馍。御厨做了一锅又一锅，却做不出让皇帝满意的锅塌。后来，御厨特意到青海学习"下烙上烤"的厨艺，又得到皇帝"空腹品美味"的应允。在皇帝饿了两天之后，再吃御厨"下烙上烤"的锅塌，果然认可了："这锅塌真好吃！"从此，锅塌身价倍增，流传至今。

锅塌鲍鱼盒。以鲍鱼、对虾、肥猪膘肉为主料，制成盒状，锅塌致熟，是北京的传统名菜。《中国烹饪百科全书》记载：锅塌鲍鱼盒选材珍贵，"鲍"和"宝"谐音，"鲍盒"也称"宝盒"。早年北京官宦人家常用此菜迎宾，含有恭献"宝盒"之意。清末，锅塌鲍鱼盒也常作为贡菜，送进皇宫。

锅塌黄鱼。这道菜出自鲁菜的故乡山东。很久以前，有一财主在家设宴，请来的客人多，厨娘忙中出错，把没煎熟的黄花鱼端上餐桌了。财主感觉好没面子，下令厨娘赶快重煎一条黄花鱼。煎黄花鱼本是这位厨娘的拿手菜，可此时错将"半成品"端上餐桌，这失误也让她失去了快速煎鱼的信心，情急之下，来了个非常之举：锅里添些汤汁和调味品，把那条没煎熟的黄花鱼放入锅内塌熟，汤汁将收干时盛出装盘。此鱼端上餐桌，主人夸，客人赞，都说这鱼绵软香嫩，回味醇厚，还争相问起菜名。厨娘原本没考虑什么菜名，又是在情急之下，给"煎黄花鱼"改了一个字，随即报出菜名："塌黄花鱼"。在山东沿海一带，干东西受潮了，称为"塌"，厨娘是烟台人，便用上了这个"塌"字。客人中有一位来自外地的美食家，不懂烟台方言，掏笔写下菜名"锅塌黄鱼"，递给厨娘看。厨娘不识字，无法指出"塌"写成"塌"的笔误，点了点头。后来，美食家把"锅塌黄鱼"这道菜传播开了。

"锅塌黄鱼"的"塌"，约定俗成，也就有了锅塌肉、锅塌豆腐等一系列含有"锅塌"的菜名。在书写时，有写"塌"的，有写"溻"的，有写"榻"的，还有拼写"榻"的——电脑字库和《现代汉语词典》都没有这个"榻"。在笔者看来，菜名用字不可混乱，似应统一写成"塌"，最好写成"溻"——有湿透的意思，也符合溻制烹饪技法。

因为菜名中的"塌"字，笔者重点写了"锅塌"、"锅塌鲍鱼盒"、"锅塌黄鱼"。其实，在带"锅"字的菜名中，还有不少菜名故事。比如，福建名吃"锅边糊"、云南名菜"汽锅鸡"、清真名菜"牛肉锅贴"、吃鱼不见鱼的"活鱼锅贴"……

菜名里的"砂锅"

　　砂锅什锦、砂锅鲥鱼、砂锅羊头、砂锅通天鱼翅、砂锅老豆腐、砂锅鱼头豆腐……这些菜名里的"砂锅"，都是用陶土和砂烧制而成的锅，由远古的陶器演化而来。"砂锅＋原料"的菜名命名方法，既简单又能产生直观效果。当然，把砂锅写入菜名，并非随意之事，而是各有各的理由。

　　砂锅适合小火慢熬，也就有了安徽名菜"砂锅鲥鱼"。

　　清代，在距离长江40多公里的安徽桐城，喜欢研究吃的文人们凑到一起，提出一个吃新鲜鲥鱼的办法：派人带上砂锅、风炉和调味品，登上捕鱼船，把捕到的鲥鱼洗净，不去鳞，一鱼切两段，用油稍煎，加入料酒、酱油、醋、清水，烧沸，撇去浮沫，装入砂锅，加入盐、葱段、姜片、火腿片，将砂锅置于风炉的炭火上，小火慢炖至晚上收船时，拣去葱姜，端上餐桌。这砂锅鲥鱼，汤稠脂厚，鲜味透骨。如此"朝发夕至"，在捕鱼船上制作"砂锅鲥鱼"的办法，很快传出"文人圈"，多人效仿，流传至今。

　　砂锅的环境温度平衡，也就有了吉林名菜"砂锅老豆腐"。

　　清宣统元年，经营砂锅豆腐的吉林市富春园饭店遇到了问题，豆腐太嫩，成不了块。厨师将此豆腐放到笼屉上蒸制，由于疏忽，蒸制时间过长，揭锅一看，豆腐上布满了蜂窝眼。取一小块入口，别有滋味。于是，厨师反复试制，让砂锅充分发挥保持环境温度平衡的优势，使水分子与食物充分渗透，进而充分释放食物味道，终于烹制出与"砂锅豆腐"不一样的"砂锅老豆腐"。顾客品尝之后，连声夸好："视之若老，食之特嫩。"此菜也就经久不衰，成为传统名菜。

砂锅关火后仍能保持接近沸腾的热度，也就有了云南名菜"砂锅焖狗肉"。

从前，一位京官到云南文山出差，山高路远，长途跋涉，病倒在一家饭店。好心的店主见他昏迷不醒，把砂锅焖狗肉的汤汁一口一口地送进他嘴里。他终于苏醒过来，看到身旁一锅肉，色泽红润，香味扑鼻，便大吃起来。他刚吃完，当地的一位教书先生走了进来，说道："狗肉滚三滚，神仙站不稳"，"三伏天吃狗肉避暑，三九天吃狗肉驱寒"，我是闻到狗肉的香味才走进来的。刚才的那顿美餐和来人的这番话，给京官带来阵阵惊喜。随后，他带来不少人分享这砂锅焖狗肉，食者也都与他有同感。时至今日，砂锅焖狗肉仍是云南文山的"饮食名片"。

各种砂锅菜肴，总是连同砂锅一起端上餐桌。汤钵式砂锅，常见于长江中下游一带，带盖，无耳，上半釉或全釉，外部均无釉；深罐式砂锅，多见于湖北、广东及西北一些地方，有的带耳，有的双耳并安装提环；浅盆式砂锅，多见于北方，又称砂锅浅儿、沙浅儿。

制作砂锅菜肴，名厨大师首先要选好砂锅。一是看陶质，选内部陶质细、外部釉质好的；二是看结构，好砂锅结构合理，摆放平整，锅体圆正，内壁光滑，没有裂痕裂缝和突出的砂粒，锅盖紧密；三是看锅面，选锅面光滑又不是平滑如镜的；四是看锅底，锅底小，传火快，省燃料，省时间；五是听声音，敲击锅体

时，好砂锅发出的声音清、亮、脆。

　　名厨大师使用砂锅也有讲究：揩干砂锅外面的水，确认锅底干燥；逐渐加温，以免胀裂；炖好食物后，把砂锅放在铁圈上或用木片架起来，让砂锅在悬空中自然降温，均匀散热，缓慢冷却，避免缩裂，还能延长砂锅使用时间；不用熬过中药的砂锅炖菜熬汤，也不用炖菜熬汤的砂锅熬中药；为了防止砂锅损坏，要轻拿轻放，加热时不能干锅。

古风遗韵石锅菜

干锅，也是个菜名

干锅是相对于火锅而得名的。火锅汤汁多，适合涮制各种原料；干锅汤汁少，适合炒制各种原料。和火锅一样，干锅也是个菜名。

火锅之名久矣。唐代大诗人白居易就曾写过赞美火锅的诗："绿蚁新醅酒，红泥小火炉；晚来天欲雪，能饮一杯无？"这"小火炉"，即后来所说的"火锅"。与火锅相比，"干锅"这个菜名，非但没有那么悠久的历史，甚至受到质疑：烹制菜肴最怕油水不足烧干锅，再好的食材也会因干锅而焦糊而不可食，为什么要给菜肴取个"干锅"的名称呢？

其实，干锅是由火锅演变而来的。据川菜专家介绍，"干锅"之名，四川是从2003年开始叫响的。经营干锅十分火爆时，有两道代表菜：一是干锅鸭掌，以芸豆、香菜、青红肉椒、红苕皮为底菜，加入干锅底料、干锅麻辣油、腌制过的鸭掌，成菜香辣可口。二是干锅鸭头，先将鸭头放在姜、葱、料酒、干辣椒、花椒、胡椒等调味料中卤制入味，再配以土豆块、青红椒块、香芹、洋葱等辅料，成菜"复合味浓厚，回味无穷"。当时，四川省绵阳市南河区几条街上的饭店，凡经营这两种干锅菜肴的，家家生意红火，甚至出现提前一两天预订的火爆场面。后来，又由干锅鸭掌、

干锅鸭头演变出更多的干锅菜肴，形成了独特的"干锅系列"：干锅鸡、干锅鸡杂、干锅羊杂、干锅兔、干锅蹄筋、干锅带鱼……

这些冠以"干锅"的菜名，如今正越来越多地出现在各地的菜谱上。虽然都称"干锅"，但各有特色。比如，原料搭配上的鸡杂配青红尖椒、兔肉配土豆、鸡肉配竹笋；菜肴味型上的麻辣味、酸辣味、鱼香味、泡椒味；菜肴质感上的脆嫩干锅鸡、滑嫩干锅兔、软嫩干锅鱼……

干锅菜的这些讲究，越来越引起餐饮业的重视。据报道，贵州一所烹饪学校"因需施教"，开设了一门新课程——干锅课。干锅之辣，是这门课程的重点。授课老师说，贵州有"贵州一怪，辣椒是菜"的民谚，干锅菜肴出现之后，贵州人更是做足了"辣"文章。这位老师曾出任一家干锅店的顾问。开局得胜，缘于"干锅鸡"。他说："同是干锅鸡，本店有奇招：干锅鸡里加入贵州六种不同的辣椒制品。六种辣椒混合后，那种奇妙的质感和味觉，来自辣椒分类法和辣椒融合法的研究成果。"他亲自烹制这道干锅鸡菜肴时，常有学员和同行来观摩，那是真正的多种辣味香气融于一锅：糟辣椒的醇香、干辣椒的糊香、青辣椒和小米椒的清香……

"干锅"之名越传越广，有经营者给总结出四个特点：一是不需要顾客自行点菜，菜品搭配相对固定；二是全部食材已入锅中，自助式用餐，操作上比火锅简单；三是主料不码芡，成菜不勾芡，汤汁少，香味浓；四是占用面积小。

关于干锅菜肴的来历，除了由火锅演变为干锅之外，还有一种说法：在厨房将菜炒好，装入小铁锅上桌，避免菜肴冷却，又在小铁锅下面加热保温，食用者自行铲动，防止粘锅。后来，逐渐演变成现在的干锅。

可以肯定的是，菜名中的"火锅"出现之后，才有了菜名中的"干锅"、"汤锅"、"香锅"。这类菜名多了，菜名研究也就更宽泛了。有人给出这样的菜名解释：火锅，是用大量汤汁涮着吃的菜；干锅，是用少量汤汁在火上慢煨的菜；汤锅，是用较多汤汁烧制的菜；香锅，是用汤汁裹菜的香辣菜。

火锅：围炉聚炊欢呼处

"围炉聚炊欢呼处，百味消融小釜中。"这是清代进士严辰吟的诗句，也是很多家庭过年吃火锅时的情形。北至东北，南至广东，西入川滇，东达江浙，火锅无处不在。火锅热，表示"亲热"；火锅圆，表示"团圆"。火锅最为形象直观地体现了"在同一口锅里吃饭"的深刻意义。著名学者易中天说："围在一起吃火锅的人，不是家人，便是伙伴，不是兄弟，便是朋友，不是极富人情味吗？"

可见，火锅不仅是一种烹饪方式，也是一种用餐方式；不仅是一种饮食方式，也是一种文化模式。在内涵丰富的"年文化"里，更是少不了"火锅文化"。然而，火锅的随处可见，只有改革开放之后的 30 多年时间。在此之前，火锅很难走进寻常百姓家。就连以长篇小说《太阳照在桑干河上》为代表作的现代女作家丁玲，也曾不解地问："火锅怎么能吃？"

2012 年 12 月，笔者在四川省乐山市参观修缮一新的郭沫若故居之后，中央电视台纪录片《舌尖上的中国》美食顾问胡晓远说起郭沫若妙答丁玲之问——那是一首"火锅打油诗"。笔者听了之后，一字一句地记录下来：

1943 年 2 月 23 日，剧作家丁玲 37 岁生日。郭沫若、夏衍等

火锅：围炉聚饮欢呼处

请丁玲吃火锅。丁玲刚到重庆，不懂当地风俗，问："火锅怎么能吃？"郭沫若笑答："火锅者，风味小吃也，并非叫你去吃炭火烧红的铁锅。"丁玲仍不解。郭沫若说："给你编个儿歌，你就懂了。"

> 街头小巷子，开个幺店子；
>
> 一张方桌子，中间挖洞子；
>
> 洞里生炉子，炉上摆锅子；
>
> 锅里熬汤子，食客动筷子；
>
> 或烫肉片子，或烫菜叶子；
>
> 吃上一肚子，香你一辈子。

丁玲听罢，连声称赞："妙哉，妙哉！原来火锅是别有风味的汤吃法。"

大文豪郭沫若，也是会吃又写吃的美食家。他出生于乐山市沙湾镇。郭沫若故居的一个房间里，陈列一张旧式木床，门檐上的木牌写着"郭沫若出生地"。郭沫若传奇的一生，给后人留下了爱吃野菜、钟情清真餐等许多美食故事。我们同行的参观者，都从事餐饮工作，也就都有谈吃论喝的观后感。一路畅谈，不知不觉间，结束了一个小时的车程，从沙湾镇回到大渡河畔的乐山市区。眼前一个新建小区的一楼，一字排开的十几个门市房，正在热火朝天地装修。近前一看，一问，这个在建工程，竟也与火锅有关：这些门市房统归新创办的乐山市海河餐饮有限公司负责经营海鲜火锅、河鲜火锅、时鲜火锅……公司董事长廖文彬正在工地上谋划未来。他从未涉足餐饮业，却执意为乐山的"名山、名佛、名人、名城"丰富"名吃"，打造以名吃闻名的"乐山外滩"。他与我们接着聊起郭沫若"诗解火锅"。能把郭沫若的"火锅打油诗"倒背如流。他欣赏这诗通俗诙谐，把火锅的精髓作了凝练的

概括，也促使他把郭沫若故乡的"海河餐饮"做好。他说，明年就为顾客推出"年夜饭"，不光有传统的四川毛肚火锅，还会突出本店特色，证明四川火锅不只是那么麻、那么辣，重要的是那么鲜，那么香！看得出来，他是针对有人对四川火锅的误读而求正解。

火锅的话题，在四川总能聊得火热。在那个未来的"海河鲜大本营"尚在添砖加瓦之时，餐饮人"以食会友"，谈兴甚浓，光是火锅之名，也言犹未尽。出土文物中的火锅："温鼎"是春秋时期的火锅，"镳斗"是东汉时期的火锅，"铜鼎"是三国时期的是火锅。古时，火锅也称"古董羹"，因投料入沸水时发出的"咕咚"声而得名；广东人称火锅为"打边炉"——涮火锅的动作就像"打"，左涮右涮就"打"到了"边炉"；起源于澳门的"豆捞"，其实就是单人单锅的火锅，不可将字面上的"豆"理解为"豆制品"，而是取"豆"之谐音"都"——"豆捞"——"都捞"——意为捞财、捞运、捞福，讨个好口彩。当然，那最早的"豆捞"，也有个美丽的美食传说……

锅文化的多元化

2013 年 5 月 31 日，习近平主席乘专机离开北京，开始了就任国家元首后的首次美洲之行。在相关的报道中，也有一些饮食方面的内容，体现了"美食无国界"。比如，黎斯达黎加共和国拥有吉尼斯世界纪录的炒饭，出自一口直径 2.5 米的大锅。由此对锅进行一番探究，就会发现，世界各国的锅，既是一种烹饪器具，也承载着多元文化。

就在习近平主席访问黎斯达黎加的三个多月前——2 月 12 日，黎斯达黎加创造了炒饭的吉尼斯世界纪录：一口大锅翻炒出一份重达 1345 公斤的炒饭。这锅炒饭使用的原料，数量非常可观：大米 700 多公斤，鸡肉 200 多公斤，猪肉、火腿肠、中国香肠各 100 多公斤，还有数十公斤鸡蛋。这锅炒饭的制作者，包括近 50 名中国厨师。

在中国饮食业，素有"大厨用好锅"之说。用着用着，锅里不仅出佳肴，还蕴含着锅文化：原料入锅前的丝、丁、片、块、条，都是独立的个体，经厨师的翻炒，交汇融合，出锅入盘，便成了色香味形俱佳的整体。这种从"个体"到"整体"的变化，是通过锅来完成的，也就体现了锅文化中的"分久必合"、"天人合一"、"合欢"。合，正是中华文化的组成部分。

与中餐的锅文化相比，西餐的锅文化，也称"盘文化"。制作西餐，习惯使用平底煎盘。西餐原料的半成品，被加工成片状或圆扁状的"柳叶"，方便上下两面加热和着色，不存在中餐频繁颠翻式的烹调模式。盘里的原料，从生到熟，都是独立的。成菜装盘，或者与其他菜肴搭配，依然各自独立。西餐的锅文化体现了"自我形象"、"自我实现"、"自我选择"。这种"独"的意识，是西方文化的一个主要特点。

在世界烹饪的大家族里，有三大风味类群，即三大菜系：中国菜系，或称东方菜系，以中国烹饪为中心；法国菜系，或称西方菜系，以法国烹饪为中心；土耳其菜系，或称清真菜系，以土耳其烹饪为中心。这种说法出自 1994 年召开的第二届中国烹饪学术研讨会。照此说法，中餐有中餐的锅文化，西餐有西餐的锅文化，下面来看看清真餐的锅文化。

清真餐，是回族等十个信仰伊斯兰教少数民族所选择的"合法而佳美"的食物。他们不吃猪肉，不吃血液，不饮酒，有诸多饮食禁忌。因此，无论中餐的锅，还是西餐的"以盘代锅"，清真厨师并不在乎它们的样式，而是特别讲究炊具、餐具等所有烹饪器具的"清真无染"。在万不得已的情况下，必须借用烹饪器具的时候，他们坚持"借锅不借盖，借碗不借筷"的原则。铁锅瓷碗，易于刷洗干净，而木制的锅盖和筷子吸附猪油之类非清真之物，不易清除。所以，这种"借"与"不借"，体现了清真餐的锅文化。

可见，锅文化是多元化的。这种多元文化，不仅体现在锅的形状、规格和使用方法上，还有关于锅的纪念活动。在日本，就有一个与锅有关的节日——锅冠节。所谓"锅冠节"，就是把锅戴在头上祈求神灵保佑稻谷丰收的一个传统节日。每年的 5 月 8

日，十多岁的女童身着礼服，手持纸扇，头戴用纸糊制的锅冠，装扮成一群锅冠女；七八岁的男童则戴上弯镰刀形的假胡须……人们装扮成 10 多种不同的角色，组成一支奇形怪状、声势浩大的队伍，依次来到供奉掌管稻谷之神的御食神社，当夜把神舆停放在那里。

早先，为求得稻谷丰收，农村女人结婚时，必须顶着自家的锅来给神上供，以后逐渐演变成如今的锅冠节。不同的是，现在已经用纸糊成的锅来替代笨重的铁锅了。

碗：远源而长流

锅碗瓢盆的"碗"，人们再熟悉不过了，有大大小小的碗、各种形状的碗、有图有字的碗……

可是，最早的碗出现在什么时候？是什么样子的呢？仔细探究一番，有助于人们领略烹饪器具文化的博大精深，从而更清楚地观察到碗的远源和长流……

在太古时代，人类的祖先饮食没有器皿，经历了漫长的"污尊打饮"的时代。所谓"污尊打饮"，就是在地上挖个小塘当饮器，用双手掬水解渴，吃东西则直接用手抓取。这种"没有碗"的饮食生活，延续了若干万年。

后来，先人们在生活中发现，有些自然物不漏水，比如贝壳、瓠瓢、某些动物的头颅骨、某些植物的大叶子。于是，便取来用作"饮器"。《中国烹饪史略》就提供了这样的考证：周口店北京猿人遗址中，"鹿的头骨有些是由角根将角裁去，有的稍有存留，吻部和脑底部也都去掉了，用石器打击的痕迹可以看出。如此作法，是用头盖骨作为杯，其情状显然可见。"因此，在《中国烹饪史略》作者、著名烹饪学者陶文台看来，"这种鹿头骨杯，恐怕是目前发现的世界上最早的人工制造的饮器了。"这种"饮器"，起到了碗的"替代品"作用。

碗：远源而长流

　　大约 170 万年前，人类学会了用火和以火熟食，这才催生了一种新式餐具——碗。

碗，使用最多的餐具

　　因为用火熟食，直接用手取食很不方便。为了避免火灼伤手，先人们最先用树枝、木棒、骨棒之类取食，用果壳、贝壳、动物头颅盖骨等作为盛器。这种"盛器"，成为人类发明碗的前提。碗的出现，得从陶器说起……

　　陶碗，以粘土为原料，经塑形、高温焙烧而成。变泥土为餐具，是原始农耕部落的创造。农耕部落有了比较稳定的生活来源，不再频繁迁徙，开始了定居的生活。陶器正是在这个时候出现的。最初的陶器多为炊器——鼎，即锅，也有食器——碗。在夏、商、周和战国时期，陶器中的碗，是先人饮食生活的重要餐具。时至今日，体现传统特色的陶制茶壶、茶杯、罐、钵、盆、缸等，仍没离开人们的饮食生活。但是，自从 2000 多年前人类进入青铜器时代，陶碗便逐渐减少了。

　　青铜碗，是人类发明冶炼术的成果。商代以后，青铜器十分丰富：有炊具的鼎、釜；有酒器的尊、壶；有盛器的碗、盘；有冷藏食物的冰鉴。青铜器作为炊器、食器，主要流行于当时的贵族阶层，平民百姓仍使用陶器。后来，青铜器逐渐成为一种礼器，象征统治阶级的等级和权力，也作为祀器或祭器使用。青铜中的毒性，对人体健康有害。青铜碗逐渐被淘汰。

漆碗，是用生漆制成的木胎碗。因轻巧美观而赢得贵族阶层的青睐，流行于楚、汉时期，在我国饮馔史上有过重要地位。漆碗与酸、碱、盐、油等接触时，漆容易脱落。两汉以后，漆碗越来越少。南北朝之后，漆碗一般只作为工艺品和收藏品出现。

瓷碗，以高龄土、正长石、石英等原料制坯，经高温烧制而成。它是由商代后期釉陶演变而来的。瓷碗具有四个优点：一是化学性质稳定，耐酸、碱、盐和其他物质腐蚀，不老化；二是稳定性好，传热慢，能经受较大温差变化；三是气孔率和吸水率低，易清洁洗涤；四是美观、实用、耐用。在众多餐具中，瓷碗的使用量最多、使用面最广。

搪瓷碗，是在金属表面涂烧一层或几层不透明无机材料制成的。我国在唐代掌握了搪瓷技术。搪瓷碗具有较好的耐热性、保温性、耐压性、抗磨性，轻巧、卫生、易洗涤、美观耐用，但抗击性差，冲撞后釉层容易剥落。搪瓷油釉含铅、锑、砷、镉，使用不当可能溶出有毒成分。如今，搪瓷碗使用量逐渐较少。

不锈钢碗，耐腐蚀，耐高压、耐高温，抗冲击强，卫生清洁，可用任何一种方法杀菌消毒，特有的银灰色金属光泽，显得美观、高雅、大方。不锈钢碗的大量使用，是近二三十年的事，还有广阔的发展空间。

塑料碗，用聚乙烯、聚丙烯、聚氯乙烯等热固性塑料制成。耐热、耐冷、耐腐、耐油、保温、阻隔性强，还具有一定的机械强度、抗磨性、韧性。塑料碗中的密胺仿瓷碗，易去油污、性质稳定、硬度大，而且轻便，不易划伤和破碎。

纸碗，用普通纸、涂蜡纸、涂塑纸、注浆成型纸制成。普通纸碗用于装瓜子、干货、糖果等；涂蜡纸碗用于装冷饮、冷冻食品；涂塑纸碗可装含油含水食物，又可装油、开水、冷冻食物；注浆成型纸碗有较好的保温性。

木碗，用实木制成，质朴价廉，卫生轻便，传统风格，间或与其他高级餐具一同使用，能产生独特的艺术效果。

碗的历史，经历了从无到有、从取自然之物到人工制作、从低级到高级、从简单到复杂、从粗糙到精致的发展过程，远源而长流。

碗 的 分 类

在众多餐具当中，碗至少占有两个"之最"：一是销售量最大；二是使用量最多。碗的特点鲜明，种类繁多，规格复杂，材质不同，不同产地和不同民族的碗也都有区别。因此，对碗进行分类，也就有了不同的标准和方法。

按碗的规格大小分类，可分为四类：特大型碗、大型碗、中型碗、小型碗。

特大型碗。直径一般大于250毫米。因为"特大"，也称"大汤碗"、"品碗"。广东又称"海碗"，山东、河南则称"汤海"。特大型碗主要用于盛汤或带汤汁的菜肴。

大型碗。直径为175~250毫米。这种碗既能盛菜肴又能盛面条，俗称"菜碗"、"面碗"。有的大型碗呈椭圆形，又称"鸭碗"、"鸭池"。苏州人称大型碗为"鸭船"，主要用于盛装有汤汁的全鸭菜肴。比如，鸭馔名菜"三套鸭"，就盛装在"鸭船"里。

中型碗。直径为110~175毫米。这种碗主要用作饭碗，也用于炊具的"扣碗"。在制作"荔枝扣肉"、"扣三丝"等扣菜时，通常都使用中型碗。

小型碗。直径一般小于110毫米，以70~90毫米居多。小型碗通常用作口汤碗，也用于炊具的"扣碗"。在制作蒸品时，小型碗也称"蒸品碗",如"碗儿糕"、"碗水糕"。直径在 70 毫米以下的超小型碗,通常用于高档宴席分装高档菜肴。

碗的家族,门丁兴旺

按碗的形状分类,主要有八种:正德形、汉形与罗汉形、荷叶形、兜形、莲形、英形、石榴形和锅形。

正德形碗。因创制于明朝正德年间而得名。撇口小底,外观秀美,经济实用。

汉形与罗汉形碗。汉形碗稍矮,有 7 种规格;罗汉碗稍高,分为大碗、二碗、汤碗、饭碗。汉形与罗汉形碗,畅销国内外。

荷叶形碗。因形似荷叶而得名。撇口大,肚体矮。常见的有品碗、顶碗、二碗、工碗、汤碗,餐饮企业使用较多。

兜形碗。碗体稍矮,撇口尖底,直径 152.5~305 毫米,有 6 个规格,多为出口产品。

莲形碗。因形似莲花而得名。撇口夸肚,大高脚可用手握住。主要有大碗、工碗、汤碗。维吾尔族喜欢使用这种碗。

英形碗。直径 91.5~274.5 毫米,直口、尖底、高脚,以出口为主。

石榴形碗。因形似石榴花而得名。碗型略深,撇口夸肚,主要有工碗、饭碗、汤碗。西藏、青海、四川等地的少数民族使用较多。

锅形碗。因外形似锅而得名。大小适中，朴素实用，是销量最多、用量最大的碗。

按碗的外形特点，还可以分为圆碗、方碗、椭圆碗、多角碗等。碗，有的高，有的矮；有的夸肚大足，有的尖底细足；有的直口夸肚，容量大；有的撇口体矮，底宽外秀，容量小。

按碗的沿口形状分类，有撇口碗、平口碗、荷口碗、莲口碗、绳纹碗等。

按碗的材质分类，有陶碗、瓷碗、不锈钢碗、搪瓷碗、塑料碗、木碗、纸碗等。瓷碗，使用最广，影响最深。

碗，还具有鲜明的民族特色。藏族的藏木碗，也称"泥西木碗"。藏族多用这种碗喝奶茶和拌糌粑，旅行时也揣在杯中，随时取用，不易破碎；回族的盖碗子，是回族喝盖碗茶的茶具，由茶碗、掌盘、盖子配套而成。这种茶碗似碗似怀，喝茶时倾斜度小，实用方便；壮族的青釉八角碗，浅底宽沿，光滑易洗，结实耐用，在广西壮族自治区的饮食店最为常见。

品类齐全的碗，给人们的饮食生活提供了极大的便利，也成为饮食文化的重要组成部分。

笔者在撰写这篇文章之前，曾到饭店里观察，在资讯中查询，也和餐饮业同行座谈，发现了一个带有共性的问题：提供给顾客的碗，有的并不实用。

在一家火锅店，十多位客人围着餐桌坐下之后，服务人员送来的各种火锅原料、调料，分别装在不同规格的碗和碟子里。其中的碗，看起来像碗又像碟子，弧度很大，碗口一边高一边低。服务员将这种装有原料的碗放在桌上，转身离去。一位客人起身端起这碗，因碗底没有凹形的底足，担心从手中滑落，只好小心翼翼地拿起来又放下，放下又拿起来，可不管怎么放置这个碗，总有半桌人看不清碗里装的是什么菜。

在一篇写及仿古餐具的文章中，有这样一段话："端上来一个很笨重的大碗，里面的菜肴也很精致，出场很是震撼。可那餐桌又矮又长，大家只好把大碗传过来递过去。原以为可以悠闲地享受美食，却让这沉重的大碗给累个半死。"

有一位厨师朋友摇了摇头，说："我有些不明白，那些设计师从来不洗碗？为什么设计一堆不方便端又不方便堆叠存放的碗？用起来紧张兮兮，洗起来更是战战兢兢。"

著名的"碗菜"

按照餐具的分工，碗是用来盛饭的——饭碗，碟是用作盛菜的——菜碟。不过也有例外，有些菜肴更适合盛装在碗里，以碗代碟，也就称为"碗菜"。"碗菜"大都成为名菜，从古到今，历来如此。

碗蒸羊。这是一道古代名菜，所用原料、刀工、火候、调味料等，均详细记录在元代的《居家必用事类全集》里："肥嫩者每斤切作片。备碗一只，先盛少水下肉。用碎葱一撮、姜三片、盐一撮，湿纸封碗面，于沸上火炙数沸，入酒、醋半盏、酱、干姜末少许，再封碗。慢火养，候软供。"

碗砣。这是陕西名小吃。制作方法：将去壳的荞麦仁用清水泡涨，磨成粉，加入水，搅成稀糊状，用箩滤去粗渣，粉汁盛入碗中，上笼边搅边蒸，凝固后盖上笼盖，大火蒸熟。取出凉透，切成长条片，放入盘中。另用盐、料酒、醋、味精、酱油、蒜末、葱末、芝麻油兑成调味汁。将调味汁倒入盘中即成。

碗坨。这是满族名小吃。制作方法：淀粉加水搅匀，倒入海碗中，上屉蒸熟，晾凉，取出后，倒扣在砧板上，将碗取下，使之成为倒置的碗形"坨"。食用时，用刮勺刮成条形，盛于碗中，加醋、芝麻酱、韭菜花即成。

碗精。这是台湾名小吃。制作方法：精米磨成米浆。瘦猪肉切丁，与虾仁、肉拌和后，再与米浆拌和，盛入碗中，入笼蒸20分钟即成。

内行的厨师一看便知，上述几道"碗菜"，都不是熟菜入碗，而是将碗作为一种炊具使用。

以碗为炊具制作的菜肴，也称"扣菜"。扣，将主料处理好之后，切成同样的形状，排成一定顺序，将其反面固定在碗内，然后将调味品放在上面，连碗放入蒸笼里蒸至熟烂，吃时先把汤汁滗出，再用大盘覆盖在碗上，随即将碗反转，刚好使碗内的食物正面堆在盘子中间，原汁制芡浇在上面，形状规整，图案奇妙，给人一种视觉美的享受；香味醇厚，软烂适口，又给人以口福的享受。例如，扣桔皮肉、扣三丝汤、菜心扣肉、百叶扣肉、百果扣鸭、萝卜扣鸡、干贝扣瓜蝶……

在名厨大师那里，为了菜肴端上餐桌前的那一扣，从选料开始，就得严格操作，有板有眼，环环紧扣：

选料：挑选质地坚韧的动物性原料和肉厚的植物性原料。例如，牛肉、鹅掌、鸡、鸭、龙虾干、干贝、干北菇和冬瓜。

用料：一般选用两种以上原料。例如，"荔甫扣肉"的原料是五花肉和芋头，"生扣鸳鸯鸡"的原料是鸡、火腿和北菇。即使是单一原料，通常也要用青菜垫底。

切配：将原料切成小件、块或厚片，在较长时间的蒸制中透味、软化，在扣碗内定型。倒扣之后，原料互相粘连，凝聚在一起，呈扣碗形。

装碗：原料码入扣碗时，挑选形状好的码在碗底，倒扣之后，形状美观。

扣菜是将原料入碗，制熟之后，再将菜肴从碗里扣出来。正

因为扣菜离不开碗，扣菜也称"碗菜"。

其实，"碗菜"里并非都是"菜"，也有主食、小吃。请看下面的操作：碗中间摆蜜枣，围着枣摆一圈蜜樱桃，再在蜜樱桃周围依次摆上瓜条、桔饼颗粒、百合、苡仁、蜜桂花、莲米，形成"八宝形"图案。再将糯米饭用猪油、白糖拌过，用筷子轻轻拨入碗中，稍稍压紧，使碗中的"八宝形"不走样。上笼蒸好之后，取出，翻扣于大圆盘中，扣制"八宝饭"即成。如果将白糖入锅加水熬成糖汁，再加入豆粉扯成二流芡汁，淋在八宝饭上，就成了光泽油亮的扣制"水晶八宝饭"。

碗里装的无论是菜肴还是主食，"扣"的前提是"蒸"。在四川农村，就有一种被称之为"三蒸九扣"的宴席。"三蒸"，泛指蒸的技法多；"九扣"则指扣碗多——"碗菜"多。

"碗菜"里的名菜，无论如何不能漏掉古今各地的"八大碗"：

清代乾隆年间的"八大碗"。那时的"满汉全席"，分为"上八珍"、"中八珍"、"下八珍"。这"下八珍"便是"八大碗"，碗同菜不同：雪菜炒小豆腐、卤虾豆腐蛋、扒猪手、灼田鸡、小鸡珍蘑粉、年猪烩菜、御府椿鱼、阿玛尊肉。

老北京的"八大碗"：大碗三黄鸡、大碗黄鱼、大碗肘子、大碗丸子、大碗米粉肉、大碗扣肉、大碗松肉、大碗排骨。这是"老北京印象"中的"八大碗"。后来，在挖掘传统"八大碗"的基础上，又推出创新菜"八大碗"系列：海鲜"八大碗"、牛羊肉"八大碗"、鹿肉"八大碗"、禽类"八大碗"、下货"八大碗"、全素"八大碗"。

老天津卫的"八大碗"还有粗细之分。"粗八大碗"：熘鱼片、烩虾仁、桂花鱼骨、独面筋、汆肉丝、烧肉、松肉、全家福；

"细八大碗"：炒青虾仁、烩鸡丝、烧三丝、蛋羹蟹黄、海参丸子、元宝肉、拆烩鸡、烧鲤鱼。在高档饭店里"细上加细"，便有了"高级八大碗"：将"细八大碗"的"烧三丝"换成"鱼翅四丝"；"蛋羹蟹黄"换成"烩鱼钱羹"……

河北省大厂回族自治县的"清真八大碗"，以炖制为主，烹饪原料以牛肉、杂碎、胡萝卜、长山药、海带、白菜、粉条、豆腐为主，灵活配伍。生活条件好时，可上两碗肉、两碗杂碎；生活条件差时，肉和杂碎只作为"菜帽"，下面用萝卜或白菜垫底。

值得留意的是，制作"碗菜"的调料，也常常在碗里调制，随手使用：碗糖，是土红糖的一种，经调制后，倒入碗中，再扣成球状；碗芡，调料在碗中调制成芡汁，再泼入锅中，也称"对汁芡"。

碗：既要洗净，又要消毒

　　饭碗，盛饭的碗；菜碗，盛菜的碗；碗菜，以碗代替炊具制作的菜；碗芡，在碗里调制的芡汁……碗总是直接接触各种食物，也就直接关系到人们的饮食安全。所以，既要把碗洗净，又要给碗消毒。

　　碗，质量不符合国家规定的卫生标准，就会影响饮食安全，危害人体健康。比如，不合格的陶瓷碗、搪瓷碗，釉料中溶出的铅、镉、锑，进入食品，再随食品进入人体，日积月累，就会损害人体健康。塑料碗，生产时聚合不完全，溶出低分子的聚乙烯，会给油带来哈喇味，也会给人体健康带来损害。聚苯乙烯发泡饭盒，原料中有氟里昂，被这种化学物质污染的食品，严重损害人体免疫功能。特别是用回收塑料制成的饭盒，有害物质多，对人体健康危害更大。纸碗原料中的蜡纸、油墨纸，都含有对人体健康有害的物质。看来，选购什么碗，经常使用什么碗，不是一件小事情。

　　碗，虽然质量符合国家规定的卫生标准，但在使用前不进行洗净、消毒处理，也会影响饮食安全，危害人体健康。

　　碗，作为直接入口的餐具，使用前必须进行刷洗、消毒处理。肝炎、痢疾、伤寒等传染病人使用过的碗，可使这些碗带有肝炎病毒、痢疾杆菌、伤寒杆菌，不进行洗净和消毒，就会成为传染病的媒介。

有人以为，洗碗和碗消毒是一回事。其实，洗碗是洗碗，消毒是消毒，不可混淆。

洗碗，是用水或洗涤剂把碗洗净。洗过的碗，虽然看上去十分干净，但不一定符合卫生要求，尤其是传染病人用过的碗，必须经过进一步消毒处理，才能达到真正的卫生，防止疾病传播。

碗消毒，是通过物理或化学等方法，灭绝碗上的微生物。碗往往会沾染各种病菌、病毒、虫卵，只经过洗涤，而没有进行消毒处理，病菌一般可存活 24 小时。碗消毒是防止"病从口入"最有效的方法之一。煮沸消毒法、蒸汽消毒法、漂白粉液消毒法等，都可经常用于碗消毒。

洗碗和碗消毒，有互补作用，不可替代。洗碗是为了更好的消毒，消毒是为了进一步达到卫生的目的。

洗碗和碗消毒，都存在一些误区，有认识上的，也有行为上的。有人说"吃行，做也行，最不愿意洗碗了。"把手泡在油汪汪的水里，水上还浮了一些烂菜叶子、米饭粒，洗碗之后，碗是光洁如初了，可手上的油腻令人不爽。这部分人把洗碗当成饮食活动中"最恶心"的部分。好在市场上出现了各种品牌的餐具洗涤剂。可是，在使用这些餐具洗涤剂时，有人又陷入另一个误区，误以为增加洗涤剂用量就可以清除碗上的细菌。其实，目前市场上销售的餐具洗涤剂并不完全具有消毒作用，只能机械地消除碗上一部分细菌，清除率很低。相反，洗涤剂还容易感染细菌，细菌依附于碗上的洗涤剂残液，随之进入人体。

无论家庭还是餐饮企业，讲究餐具卫生，养成良好的饮食习惯，都是饮食安全的重要一环。首先应在思想上提高认识，把好

"病从口入"关。在选购洗涤剂、洗碗、碗消毒时，需掌握相关的科学知识。拿购买餐具洗涤剂来说，要先看标签标识，选购正规厂家的合格产品。查看生产许可证号、卫生许可证号、生产日期、使用说明、执行标准、净含量、厂址、保质期等。使用时也应细心：合格产品带有一定的香味（以水果香味为主），无异味，稠度适中，无分层，无悬浮物。

洗碗和碗消毒，特别是公用碗大规模集中刷洗和消毒，是我国饮食业多年来一直试图解决的问题，至今仍被卫生部门列为一大科研难题。曾有报道说，贵阳市云岩区受到新加坡"小吃一条街碗筷集中消毒"的启发，首创餐具消毒公司，为公用餐具提供消毒服务。此举得到消费者赞成，他们纷纷来到"消毒户"用餐，称"消毒户"的碗是"放心碗"。一家来自遵义经营羊肉粉的个体饭店，成为"消毒户"之后，不请洗碗工，节煤节水，减少脏水污染，餐饮环境大为改观，每天销售量从不足 100 碗增加到 300 多碗。"消毒户"的碗筷统由"消毒公司"采用蒸汽和紫外线双重消毒，在全国城市卫生检查团检查时，合格率 100%。与此不无关系的是，这个区传染性肝炎发病率比上年下降 33.8%，痢疾下降 31.8%。这个新闻报道，笔者是在 1993 年的报纸上看到的，已经过去了二十多年。但是，在今天看来，它仍具有新闻价值，正可谓"旧闻里面有新闻"。

笔者曾和几位烹饪大师走进一家星级饭店的洗碗间，都认为他们这个洗碗间的管理"达标"。

全自动洗碗机、消毒柜等设备齐备。

操作程序合理，采用正确的洗涤和消毒方法，洗涤洁净，消毒彻底，餐具损耗率降到最低。

洗涤、消毒后的碗，不受污染，归类存放，整齐有序，方便使用。

对餐具中粘连比较牢固的污物进行刮铲处理。

采取相应措施，对餐具进行脱水处理。

洗涤剂、消毒剂等用品，存入指定的物品柜。

餐具架，定期清洗、消毒，确保清洁卫生。

对破损餐具的品名、数量、程度、原因等，做好记录，及时挑出残损餐具，报损处理。

洗碗间干净、整齐。

既方便又环保的食盒

借碗不借筷

和"借锅不借盖"一样，因为不易去除木制筷子上的油脂等残留物，回民向非穆斯林借用餐具时，"借碗不借筷"。

碗，在回民餐具中具有重要的地位和独特的习俗。开斋节、古尔邦节等重要节日和举办婚丧嫁娶活动，回民设宴款待客人，有以碗成席的习俗。

八大碗。在东北地区，回民举办清真宴席，常以"八大碗"的方式呈现。"八大碗"，即八碗菜，一般为四荤四素或五荤三素。肉菜以牛肉、羊肉为主，如清炖牛肉、红烧羊肉、扒羊肉条、清蒸牛口条、羊杂碎汤等；素菜以豆制品和白菜、黄花菜、木耳、蘑菇等蔬菜为原料。

九碗三行。甘肃、青海的民间清真宴席，流行"九碗三行"：用大小相同的碗摆成正方形，无论从哪个方向看，都是三碗成一行，共三行，九个碗。这九个碗，摆放位置固定，还要讲究上菜顺序。先上四角的肉菜，称为"角肉"；再上四边的菜，称为"门子"，东边或南边上"丸子"，相对应的西边或北边也要上"丸子"，取相同的菜名，用不同的原料，既有区别，又显丰盛；最后上中间那碗菜：凉菜或火锅。在这里，火锅被视为"九碗"中的一碗。这"九碗菜"的烹饪技法，或蒸或煮或拌或涮，同时快速上桌，让客人吃到最佳的"火候菜"。

宁夏十大碗。宁夏的清真宴席，有的每张餐桌都放十碗菜，称为"宁夏十大碗"。同是"十大碗"，银川以南的，称"南味十大碗"；银川以北的，称"北味十大碗"。"南味"偏咸、酸、辣，用料广泛，以烩制为主，代表菜有烩丸子、烩夹饭、羊肉烩粉条、酸菜烩羊肉；"北味"讲究一菜一格，味道迥异，用料和餐具较多地保留游牧民族饮食特点，烹饪技法多样，代表菜有红烧羊肉、虎皮羊肉、扒羊肉条、脱骨鸡、干炸酥鸡、红烧鱼块。

回民餐桌上的碗，既盛装菜肴，也盛装主食。在西安"百年老店"老孙家饭庄，羊肉泡馍分为三种：口汤——碗内只有一口汤；干泡——碗内没有汤；水围城——碗内周围是汤，中间是馍。对此，有人称赞羊肉泡馍，也有人称赞盛装羊肉泡馍的碗。打开老孙家饭庄珍藏的客人留言簿，便可看到这些赞誉：

胡玉春："六十年来久睽违，几番梦中把乡回；今朝欢聚老孙家，原汁原汤没变味。"

杨静仁："西安羊肉泡，好吃。"

朱穆之："香三年"。

邵华："想八年"。

陈邦柱："三秦第一碗"。

刘华清："天下第一碗"。

真是应了"美食离不开美器"的说法。在回民饮食生活中，碗的利用率很高，就连沏茶、饮茶，也不喜欢使用茶杯、茶缸子，而是用碗—— 一种带盖的碗——盖碗子。用盖碗子沏茶，称为"盖碗茶"。回民推崇"盖碗茶"的谚语广泛流传：

回回家里三件宝，汤瓶盖碗子白帽帽。

不吸烟不喝酒，盖碗子不离手。

吃油香要掰呢，喝盖碗茶要刮呢。

金茶银茶甘露茶，比不上回民的盖碗茶。

不管有钱没钱，先刮三响盖碗。

客人远至，盖碗先上。

盖碗子，又叫"盅子"、"茶碗子"，古代叫"茶盏"。它由三部分组成：上有盖子，下有托盘，中间是口大底小的茶碗。因此，也称"三炮台"、"三件套"、"三件头"、"三合一"。用盖碗的"盖"刮碗中的茶，大有好处："一刮甜，二刮香，三刮茶露变清汤""一防灰（清洁），二防冷（保温），三防茶叶卡喉咙（安全）。"盖碗茶里的"茶"，往往不是只有茶叶，还加入白糖、红枣、芝麻、枸杞、核桃仁、葡萄干等，配方科学，盖碗茶也就成了"养生茶"。

回民用碗的讲究，还表现在饮食礼仪上。吃饭前后忌讳敲打碗筷；饭后不能乱放碗筷，筷子应放在桌子上，而不要架在碗上或斜放在碗里。

碗中有乾坤

"碗中有乾坤",是一本书的书名。几年前,笔者在新华书店看到这本书,书名调动阅读欲,内容促动购买欲,于是它走上了笔者的书架。简装,32开,20万字,11.80元。这本看上去很传统、很平常的书,全部用文字码出来的,没有一幅图片,却向读者展示了中外饮食的画卷:《家乡味》、《四川随吃》、《男人烹饪大会》、《荷兰的乳酪》、《意大利的"笑餐"》、《捷克的啤酒屋》、《保加利亚的小酒铺》……

作者以亲身的饮食经历,窥见不同社会的"众生百态",书写"碗中食物,另有乾坤。"

读罢这本"以碗说事"的书,又搜寻古今名人对碗的评说。在笔者看来,对碗的赞誉,莫过于清代的袁枚了,他在《随园食单》里说:"美食不如美器"。碗是美器的重要成员。

"美食不如美器",这话里表达的意境,并不是美器胜于美食,也不是提倡单纯的华美器皿,而是说,食美器也要美,美食要配美器,求美上加美的效果。拿碗来说,碗之美,美在质,美在形,美在装饰,美在与馔品的和谐,美在所彰显的独特的饮食文化。

"五月十六滴一点,耀州城里买大碗",这是陕西乃至西北地区广为流传的民谚。说的是陕西省耀州县城有一个耀州窑，从唐代就开始生产碗、盘等餐具，人们都涌到耀州城里买"耀州名窑"的碗。

这碗的原料，是当地富有特性的粘土，内含长石、伟晶花岗岩等多种微细矿物质混合体，经风化、沉淀、制坯，装入马蹄窑，用1330℃高温久炼，烧出的碗没有杂质，造型考究，使用功能好。

碗中有乾坤

清代，西北地区民间曾流行"一日两餐"，"一般上午10点一大碗稠小米粥、一个馒头；下午4点多一大碗干捞面落肚，再喝半碗面汤。"耀州窑的工匠师傅根据人们"三餐变为两餐"的情况，碗也随之变化：大涮碗的碗口，由16厘米扩大到18~20厘米。这种大碗，便于"多吃抗饿"，更加调动了人们"耀州城里买大碗"的热情。

耀州窑的工匠师傅端起这种超大规格的碗，认真审视：斜直帮身，白身子，平底圈足，外底只蘸少许黑釉，露白太多，给人一种"淡味"的感觉。于是，他们又进行创新：碗坯衬过化妆土之后，用毛笔蘸上"丁头石"研磨的铁色料，在碗的外壁速写一个"福"字，然后浸透明釉，蘸黑底。干坯10个一摞，装入桶状匣钵，入窑烧制。出窑之后，便成了黑花衬映"福"字的碗。这碗一出，更受欢迎——耀州城里买"福"碗！

清末，耀州名厨郑玉才专门为"福"碗研制一种"咸汤面"：以当地出粉率低而韧性强的紫麦面为原料，经过抹、揉、扯、折、抻、甩等连续性的动作，制成二宽子、圆股子、韭叶子、一窝丝、赛挂面等条状，投入锅中，煮熟之后捞入"福"字碗，加入调味料，撒些葱、韭、蒜苗沫子，泼上辣子，调上纯菜籽油，一碗油汪汪、热腾腾、香喷喷的"咸汤面"就成功了。

发明人郑玉才说："此碗此面，二者绝配。"慕名品尝者，也不胜感慨："粗碗有细活，汤面吃道深。"

"吃道深"，包含了吃的道理，吃的科学，吃的礼仪，吃的文明，吃的文化……

只要留心，就会发现，"吃道深"里，也有许多碗的话题——

"宁可多做半锅，不可少做一碗"，这被列为当今健康饮食的禁忌之一。有人担心饭不够吃，主张"宁多勿少"。营养专家认为，饭做得多，也容易吃得多，吃得过多容易诱发一些疾病。中医也说"若要身体安，三分饥七分寒"。正餐吃七八分饱，饭后半小时或更长时间感觉饿，补充点零食或水果，对健康有益。

"碗底朝天，不算寒酸"，于光远支持这种说法。于光远是著名经济学家，也常写些谈吃论喝的文章。他善于把深奥的经济学理论融解到日常的吃喝之中。他认为中国人在吃的问题上有一个落后的观念，那就是一定要吃剩很多，才是"丰盛"，主人才体面。如果碗底朝了天，主人就不好意思了。于是就有了"以多取胜"的思想。在他看来，"酒席上贵在美食，要的是味道好。让他这次吃了，觉得还不那么过瘾，下次还想来，岂不更好？"

　　"借锅不借盖，借碗不借筷"，这是出现在回族穆斯林饮食生活中的一种现象。回族穆斯林信仰伊斯兰教，有不食猪肉的饮食禁忌。他们在确需借用非穆斯林的炊具、餐具时，严格把好饮食禁忌这一关。木制的锅盖、筷子，不容易去除猪油的遗存，所以"不借"，而铁质的锅和陶瓷的碗，则容易洗刷洁净。

　　"他是吃哪碗饭的?"甲向乙询问——甲通过乙了解丙的职业。这里的"饭碗"，已不是专指"吃饭的碗"，而是特指职业。诸如此类的"饭碗"，人们都知道其所指："找饭碗"，指找工作；"抢饭碗"，指做了本应由别人做的事；"铁饭碗"，比喻非常稳固的职位；"砸饭碗"，比喻失业。

一次性饭盒，能不用就不用

在没有碗或不方便使用碗的时候，饭盒代替了饭碗。

随着生活水平提高和生活节奏加快，家庭自备且反复使用的饭盒，被一次性饭盒所代替。盛装在一次性饭盒里的饭菜，称之为"盒饭"。

盒饭之"盒"，也就是变相的碗。

一次性饭盒产生于20世纪80年代，具有方便、快捷、干净、防止传染病等优点，深受人们喜爱。再加上价格低廉，餐饮企业纷纷使用一次性饭盒，向消费者免费提供。铺天盖地的一次性饭盒，顿时成为都市生活中一道亮丽的风景线。也可以说，一次性饭盒是我国快餐业快速发展的产物。

这些饭盒与食物直接接触，甚至"直接入口"，也就与碗一样，不仅具有盛饭装菜的器皿功能，也关乎消费者的饮食安全和环境保护。也正因为如此，第一代一次性饭盒只使用了15年，便遭封杀，成了最短命的"碗"。

1985年，一次性发泡饭盒在北京亮相。

1987年，人们开始关注一次性发泡饭盒几百年都不降解，给环境带来严重危害。

2000年，国家经贸委、环保局、轻工业局等部门决定2000

年末在全国范围内全面禁止生产、销售、使用一次性发泡饭盒。

人们还记得，一次性发泡饭盒成本低廉，拿来就用，用过就扔，给人们的生活和旅游业带来了很大方便。据有关部门统计，我国每年消费 100 亿个一次性发泡饭盒。在旅游景点、铁路沿线，随处丢弃的一次性发泡饭盒，形成严重的"白色污染"，危害环境和人体健康。

盒饭之"盒"，也就是变相的碗

一次性发泡饭盒的全称是"一次性发泡聚苯乙烯饭盒"，它退出历史舞台之后，取而代之的是一次性环保饭盒，常见的有纸板型、淀粉型、纸浆模塑型、植物纤维型、可降解塑料饭盒、生物全降解饭盒。

这些一次性环保饭盒，虽然好于一次性发泡饭盒，但也都有各自的优点和缺点。

纸浆模塑饭盒。以芦苇、蔗渣等草本植物纸浆为主要原料，添加约 30% 左右的木浆（有些不加木浆）和一些防水防油助剂等，通过成型机械形成初级坯料，再通过加热干燥，压光成型等工序制成。生产工艺比较简单，建厂周期短，便于推广。产品保温性能好，可加工成各种形状。废弃后的饭盒既可回收利用，也可自行降解。缺点是前期制浆工艺对环境污染较重，生产过程中加了防水防油助剂，废弃饭盒一般残余少量剩饭剩菜和油污，回收再利用难度较大。不易长期存放，高温潮湿环境下易霉变，有的产品硬度不够，易变形。

稻麦壳（秸杆）质饭盒。将稻麦壳、秸杆等原料加工成粉末，与符合食品卫生标准的高分子有机热熔胶混合，通过模塑真空吸附成型和干整型工艺制成。这种饭盒能充分利用稻麦壳、秸杆、糖渣等资源，变废为宝。产品强度好，内部和外部都光洁平滑。生产过程中没有污染，废弃后具有一定的降解性能。缺点是添加了防水防油剂和固化剂等化学助剂，降解速度受到影响，不能在短期内降解，潮湿环境下易霉变，不宜长期保存。

光—生物双降解聚丙烯饭盒。这种饭盒的原料可全部国产化，边角料易于回收利用。产品耐水耐油，强度好，感观清洁，成本较低。用后易于回收。在野外 1~2 个月可降解。缺点是产品较软，保温性能较差，不适宜制作方便面碗。

华南农业大学食品学院包装工程系专家在接受记者采访时说，饭盒卫生造成的安全问题，不同于"食物中毒"，通常需要几年甚至更长的时间才能显现出来。当消费者的健康真正出现问题时，一般也不会归咎到饭盒上。由于生产厂家每一批产品的质量不一样，也很难追究其责任。比如，饭盒中有些元素超标，重金属超标，但这不会引起中毒，却能引起病变，给消费者身体健康埋下隐患。所以，他们经常跟学生说，一次性饭盒，能不用就不用。

看来，即使是"环保饭盒"，也不如沿用千年的碗。更何况，有的"快餐盒"成了"毒餐盒"。国家有关部门一直在对不环保饭盒说"不"。工商管理部门还为消费者提供了辨别假环保餐盒的方法：

假环保餐盒，用手摸上去感觉软绵绵的，稍微一用力就能撕

破；用鼻子闻，有刺鼻的气味，而且有呛眼的感觉。此外，轻轻一折，有白色印迹。真正的环保餐盒，用手撕不断，折过去也不会留下痕迹。

假环保餐盒，是无厂名、无商标、无生产日期的"三无"产品。

假环保餐盒，往往标注"降解餐盒"、"环保餐盒"或"城市环保"的字样，消费者不能只看表面。

盘和碟的区别

有一种餐饮器具，叫法上似乎有点混乱：有人叫"盘"，有人称"碟"；就是同一个人，也忽而叫"盘"，忽而称"碟"。怎么回事呢？

一位朋友曾就此问过几个非餐饮业人士，均不以为然："管它呢？里面的东西好吃就行。"接着，他们又反问：盘和碟不是一回事吧？

这位朋友知道笔者正在写点烹饪器具方面的文章，便将这个问号甩了过来："请你给'盘'和'碟'叫叫真!"。于是，笔者先是翻开字典，查了查：

盘——盘子，盛放物品的浅底的器具，比碟子大，多为圆形。

碟——碟子，盛菜蔬或调味品的器皿，比盘子小，底平而浅。

哦，盘是盘子碟是碟。

盘子大，碟子小。虽然说的是盘子和碟子的区别，但在专业性上尚显不足。于是，笔者又在《烹饪器具及设备》中查到了这样的数据："一般习惯以 166.7 毫米（5 寸）以上为盘，166.7 毫米（5 寸）以下为碟。"

这也只是弄清了盘和碟的区别之一———大与小。盘和碟的区别，还有之二、之三……

盘和碟，在名称、形状和使用功能上，都有区别。

盘的形状，有象形、圆形、椭圆形、方形、三角形、多角形等多种，沿口有圆口、荷口、直口等。常用的瓷质盘有以下几种：

平盘。盘角平坦而边角伸延。规格为127.0毫米~812.8毫米，共有16种。常用于水果点心盘、冷拼盘、无汤汁菜盘、垫盘。

汤盘，俗称窝盘。边高盘深，分为圆边、荷边。规格为127.0毫米~302.0毫米，共有7种。主要用于盛汤，也用于装汁水较多的菜肴和水饺。

鱼盘、鹅盘，又称腰盘或长条盘。有平坦阔边和锅深两种造型，规格为152.0毫米~803.2毫米，共有15种。主要用于盛装全鱼和整只鸡、鸭、鹅、乳猪等，也用于水果盘或冷拼盘。

六和盘，学名"和合盘"。圆形，带盖，盘心深凹，造型古朴大方。规格为240毫米~300毫米。可盛菜装汤，还有保温防尘作用，一般用于"大排翅"之类的菜肴，常出现于高档宴席。

高脚盘，又称"坝盘"，属于高档餐具。平底直口，浅锅形盘面，喇叭形高脚，形似高脚酒杯。分为大、中、小三种型号，规格有68.6毫米、203.2毫米和406.4毫米，各盘分工不同：小盘为味盘；中盘盛干果、糖果、炒货、点心；大盘装水果。还有四个高脚盘为一组的餐具。高脚盘与平盘配合使用，错落有致，别具一格。所谓"四庄桌"，是指高档宴席的大、中高脚盘用于盛菜，小高脚盘配作"跟头"。

正德盘、锅盘。锅盘也称"扒盘"。这两种盘分别由正德碗和锅碗演变而来，有多种规格。小的用于盛装整鸡、肘子或扒菜等；大的用于盛装手抓羊肉、手抓饭、馓子、馕等。内蒙古和新疆等地使用较多。

长方盘。长方形，盘腹深，盘角呈圆弧形，分为大、中、小三种型号，常用于盛装造型菜。

果盘，也叫"攒盒"，俗称"果盒"。摆放时，中间 1 个，周围 8 个。过去多用于盛装糕点、糖果、炒货之类，现在主要用于拼装冷菜。

托盘，也叫"捧盘"，属于餐杂物。有圆形、方形、椭圆形三种，分为大、中、小三种型号。大、中托盘一般用于装送菜点、酒水和盘碟等较重的东西，小盘多用于装送茶水、咖啡等。更小的托盘则主要用于送账单、收钱和找零钱等。

与各种盘相比，碟规格小、造型少，盛装的东西也有区别。常用的瓷质碟有以下几种：

味碟，也叫"醋水碟"。有圆形、椭圆形等多种形状，规格以68.6 毫米、70 毫米、76.2 毫米、101.6 毫米居多。就餐时每人一碟，放在面前，用于盛装酱油、醋、辣酱、蒜茸等调味品，专供客人蘸食调剂口味。在粤式饭店，也用这种小碟子盛装蒸骨、烧麦等茶点小吃。

隔碟。味碟的不同种类。中间隔开 2~3 格，形成"太极形"或"品字形"，同时盛装 2~3 种调味品，与味碟的作用相同，但不能作垫托碟用。

吃碟，也叫"骨碟"、"骨渣碟"。规格多为 160 毫米。摆台时先摆，用其定位，每人一碟，用于就餐时集骨、刺、壳、渣等。用餐时，根据需要更换。

手碟。宴席前用于放瓜子、花生等小食品，供上菜前品尝，谈论时随手抓取。

抱怀碟。进餐时的辅助餐具，一人一碟，供夹菜进食用。

搁碟。宴席上用于垫托杯、碗、匙等，碟形平坦。较大一点的搁碟，用于搁置湿毛巾。

　　盘和碟，虽然有这样那样的区别，但毕竟有许多相似之处，在叫法和使用功能上，有时也互为代替。比如，吃碟又称"食盘"、"接食盘"。

通常,5寸以上为盘,5寸以下为碟

盘碟大盘点

盘和碟，从新石器时代开始，相伴来到这个世界上，经常同时出现在人们的餐桌上。大盘小碟，难以数计，种类也很多。比如，从质地上划分，有瓷器、银器、紫砂器、漆器、玻璃器皿；从外形上划分，有圆形、椭圆形、多边形、象形盘；从色彩上划分，有的暖色调，有的冷色调；从装饰图案上划分，有的是具象图案，有的是抽象图案。以中餐的使用量最多的瓷器盘为例，主要有三种：单色盘、象形盘和纹饰盘。

单色盘。色彩单纯，没有明显图饰，色彩倾向性强烈，烘托菜肴的功能突出，有较强的感染力。比如，白色盘、红色盘、蓝色盘、绿色盘、透明的玻璃盘、黑亮的漆器盘。单色盘对菜肴造型要求相对宽松，只要把握菜肴与盘子色调和谐的原则，选用的盘子与菜肴色彩属于同类色或类似色即可。菜肴色彩与盘子色彩对比强烈，难以调和的，可在两种色彩之间采用其他色彩加以调和。比如，选择一个钴蓝色的盘盛装"菜心虾仁"，淡黄色的虾仁与钴蓝色的盘子成对比关系，难以调和，但是，用10棵小青菜心将虾仁围成一圈，黄、蓝之间的淡青色便起到了调和作用，菜肴顿然生辉，分外风雅。单色盘中，白色盘使用量最多。白色盘具有高洁、清淡、雅致的审美特征，方便为主菜造型布色，并能突出主菜，给人以洁净之感。白色盘无纹饰，如一张洁净的白纸，是象形拼盘的首选。比如，第二次全国烹饪大赛获得金奖的冷盘"锦上天花"，作者便是选用白色大瓷盘，用卤鸡肉、卤牛肉、蛋黄糕、樱桃、黄瓜皮等拼摆成漂亮的锦鸡，四周衬托梅花、石竹青、波浪。布局合理，比例适当，既不"充天塞地"，又非空白一片，显得醒目、丰满、俏丽、欢乐。与此相反，如果主菜的构图和造型太小，覆盖盘底面太少，就会显得形体干瘪，盘内空荡。与单色盘不同，韭黄炒鸡蛋选用浅紫色盘，红烧鱼头选用淡绿色盘，虾仁炒青豆选用淡咖啡色盘，都能衬托出菜肴的清爽，给客人增添快感。

象形盘。在模仿自然形象的基础上设计而成。以仿植物形、动物形、器物形为主。常用的有花朵形、叶子形、鱼形、蟹形、牛形、鸳鸯形、孔雀形、贝壳形、船形等。这些象形盘，能使宴席趣味横生，生气盎然。象形盘与菜肴组配时，应充分利用象形图案的特点，注意盘与菜肴形式的统一。仿鱼盘配鱼类菜肴；仿牛盘配牛肉类菜肴；仿贝类盘配鲜贝、虾仁类菜肴；仿叶盘配各种素菜。这样组配，直接利用盘饰图案装饰菜肴，不必雕花刻草另置饰物。象形盘因为其"形象"，使用时局限性较大，应注意盘和菜肴的珠联璧合，交相辉映。

纹饰盘。以圆形、椭圆形、多边形为主，纹饰多沿盘子四周均匀、对称地展开，有强烈的稳定感。主图案排列整齐，环形摆布，形成曲线美、节奏美、对称美。比如，五彩斑斓的青花瓷纹，给人以美不胜收的感觉。使用纹饰盘时，应讲究色彩对比，注重和谐，不要"靠色"。比如，炒出来的青菜，放到绿色的盘子里，既体现不出青菜的鲜绿，也埋没了盘中的纹饰美，而放到白花盘里，就会出现清爽悦目的效果。再比如，把炒肉丝放入纹理细密的花盘，不仅体现不出肉丝的自身美，反而显得散乱；用绿叶盘盛装肉丝，就有了赏心悦目的效果。选用环形纹饰盘，盛装"水磨粉"、"大煮干丝"、"宫保鸡丁"，菜肴和盘饰浑然一体，巧妙自然。金黄色的蛋饺，选用蓝色花边的盘子，黄蓝对比，格外醒目。盘的色彩、形态、寓意与主菜不和谐时，把主菜覆盖不了的地方掩盖起来，也能达到整体和谐。

"美食离不开美器"。正因为这样，菜肴花样频出，盘碟也就千姿百态。有的"依菜选盘"，有的"因盘设菜"，以求盘子和菜肴的和谐统一。平底盘为爆炒菜而来，椭圆盘子为整鱼菜而产，莲花瓣汤盘为汤菜而出……

碟小作用大

碟，用其盛装菜肴，因规格小而被忽视，这是认识上的一个误区。一碟咸菜，并不亮眼，但川菜大厨的"咸菜什锦"，由20碟组成，就成了蔚为大观的精美之作。在中国宴席史上，用于盛装冷菜和热菜的"配套碟子"，首先在席面上亮相。配套碟子的数量、规格，各有说道："16寸碟"——16个16.5寸碟子，盛装不同菜肴上桌；"13巧碟"、"12围碟"——13寸或12寸碟子，盛装不同菜肴上桌；"4对镶碟"——4个9寸碟，每碟盛装两种菜肴上桌，也称"小拼盘"。

　　盘也好，碟也罢，盛装菜肴时，还有些不可忽略的细节。比如，防止过多使同类色、类似色，避免单调、平淡；盘边应留有较大余地，防止菜肴外溢，影响菜形美观和服务员工作；根据宴会的性质、规格、主题、习俗，配以适当的盘碟；注意相邻菜肴用盘情况及桌布色彩等环境情况，在餐具与菜肴和谐的前提下，也要处理好餐具与餐具间的和谐，餐具与环境气氛间的和谐。

盘饰：并非多余之事

蔬菜、水果等烹饪原料，通过切制、雕刻等刀工处理之后，摆放在菜肴周围或菜肴中间，巧用其造型与色彩，对菜肴进行装饰、点缀，能起到美化菜肴、增强食欲、营造情趣、烘托气氛的作用。这种方法，被餐饮业称为"围边"、"镶边"，即"盘边装饰"。由于有的饰物是摆放在菜肴中间——也是盘子中间，而不是"边"，所以，这种方法有个更准确的叫法：盘饰。

如上所说，盘饰并非多余之事，而且越来越受到餐饮业的重视。

2009 年第 9 期《中国烹饪》杂志，以 9 篇文章和 30 多幅图片，组成一个图文并茂的专题——盘饰。这个"盘饰"专题，既提倡时尚的"华彩"，也提及"老土"、"过时"、"与时代脱节"的"OUT"。可见，盘饰不仅有正在进行时的创新，也有"过去式"的"OUT"。这也就说明，盘饰之事，史上有之。

烹饪古籍记载，唐代有蛋雕、酥酪雕；宋代有瓜雕，称之为"看菜"；明代有用西瓜雕刻的人物、景物和花草虫鱼之类……食雕作品，是最早出现的盘饰之物。

"盘饰"专题，首先将目光对准当代，讲述《二十年盘饰变迁史》。20 世纪 90 年代前：萝卜花是主流；90 年代中期：盘饰玩

花样；90 年代末：食雕初现峥嵘；21 世纪：融合菜正在摸着石头过河……

　　古往今来，人们利用菜肴主料以外的物料，通过一定的加工，用简练的装饰技法，表现丰富的内涵，从而达到美化菜肴的艺术效果，是烹饪美学的一个重要组成部分。这种盘饰工艺，主要有围边和点缀。

　　围边。根据菜肴的色泽、质地、味道、形状和盘子的形状、质地、纹饰等，在菜肴成品的四周，用水果、蛋糕、熟土豆、胡萝卜、黄瓜、香菜等，围摆成各种图案，能增强菜肴的艺术效果。

　　打开《实用烹饪美学》一书，能看到关于围边的种种论述，给人以启发，也有很强的示范作用。

　　围边的基本要求：口味融合；内容一致；色彩调和；符合卫生和营养要求；规格、季节、人事相宜；节省时力，经济简洁。

　　围边的原则：围边的原料一般是色彩艳丽的绿叶蔬菜和瓜果。蜜桃、樱桃、菠萝、橘瓣等各类水果罐头，也是围边的重要原料。各类生瓜、苹果，用于镶边前，要进行洗涤和消毒。有些原料还需焯水或炸烹。围边物料的味道，依菜肴而定。

　　围边的用色技巧：同种色的配合，比如深蓝、蓝、淡蓝等色彩配置在一起，起明暗对比作用；同类色的配合，比如黄和橙都含有黄色成分，绿、青、紫都含有青色成分，配置在一起，更能体现色彩和谐；原色的配合，红、黄、蓝三原色配合在一起，给人以单纯、原始、强烈的感觉；补色的配合，即红与绿、黄与紫、青与橙的配合，相互衬托，反差强烈；综合色的配合，把多种色彩配合一起，主次分明。

　　围边的形式：在菜肴的边上围摆与主料色、味、形不同的另一种食物；把雕刻好的成品摆在菜肴四周；平面花围边；点心围边；在菜肴上写字作画；在菜肴上刻字雕花；蔬菜雕刻作品与荤料同烹成菜；用食物制作菜肴盛器。

与围边相比，点缀简单一些。点缀是略加衬饰。在菜肴制配过程中或装盘以后，给主料添加异色配料，或拼成小图案，从而使菜肴形状、色调发生变化，增强菜肴的艺术美。

笔者和烹饪大师谈及菜肴点缀时，他们都很强调对点缀的全面理解，并不是每道菜都可以点缀的。看似简单的菜肴点缀，却不可随意而为，要把握原则、突出特点、注重形式、讲究方法。

菜肴点缀的原则：以本色为主，点缀次之，丰富多彩、协调一致；点缀物的形状随菜肴的形状而变化。结合菜肴风味特色进行点缀。点缀物与主菜的口味一致。点缀不可"喧宾夺主"。色彩华丽的菜肴不宜点缀。

菜肴点缀的特点：突出主题；增添饮食情趣；起到"点睛"作用；使菜肴上档次，显品位。

菜肴点缀的形式：对称式，多见于整形原料，在菜肴两旁对称地点缀；鼎足式，也称"三点式"，适用于圆形平盘，比如在"水晶虾仁"旁边点缀黄瓜和少许红椒；扩散式，形散意不散，比如在"干烧岩鱼"上撒些葱花；盖面式，盖中有透，虚实并存，如"一品豆腐"上的腊梅；点睛式，用于象形菜肴，增强动物头部的吸引力，比如"二龙戏珠"的"鱼眼"；花心式，在菜肴的中心位置点缀，比如在"凤凰明虾"盘心点缀鲜红番茄或用心里美萝卜雕刻的牡丹花；连接式，点缀物在菜肴周围连接成圆形或椭圆形图案，比如在"炝蛏子"四周用香菜连接；间隔式，围绕菜肴有间隔地进行点缀，比如在"明珠大乌参"周围摆放鸽蛋，鸽蛋之间插一个橄榄形胡萝卜，犹如串起的珍珠。

菜肴点缀的方法：一是大块菜肴的点缀。避免"清炖鸡"的

单调，在菜肴上桌前把最肥美的鸡脯朝上，点缀火腿片、冬笋片、香菇片。二是单个菜肴的点缀。让"菊花蟹斗"生动起来，可用红色火腿丝和绿色香菜叶在蟹斗上摆出菊花图案。三是单色菜肴的点缀。为了烘托"芙蓉鸡片"的鲜明，可在洁白的鸡片上撒些红色火腿末，周围镶几片绿色熟菠菜叶。四是盘中的点缀。为了突出"葫芦鸡腿"的主题，可把雕刻的立体雄鸡放在葫芦形鸡腿中间。

盘碟无小事

人们常把五花八门的烹饪器具简化成四个字：锅碗瓢盆。

于是，有人就忽视了盘、碟。比如，"火锅"的"锅"，既是碗也是盘、碟。比如，有了足够的碗、瓢、盆，便不为缺盘少碟着急了，因为碗、瓢、盆都具有盘碟的盛装功能。

这其实是一种误解。在烹饪器具当中，缸比锅装得多，坛比碗装得多，罐比瓢装得多，盆比盘碟装得多。"锅碗瓢盆"只是象征性的，取代不了缸、坛、罐、盘、碟。

且说盘和碟，它们在一次性餐具中占有极其重要的地位。

一次性餐盒，不仅代替了盛饭的碗，也代替了盛菜的盘、碟。一次性餐盒，既碗且盘又碟，还属于食品包装物。

2010 年 5 月 20 日，全国首例食品包装消费维权案宣判。

北京《新京报》对此案有详尽报道：

原告北京凯发环保技术咨询中心称，2010 年 3 月 3 日，该中心员工邢某在金源饭庄和老边饺子馆购买了 50 个餐盒，用于给员工分装午餐。经鉴定发现，这些餐盒对人体有害物质超标近 150 倍。据此，他们将两家餐饮企业诉至法院，要求赔偿。

金源饭庄和老边饺子馆辩称，餐盒属免费赠与，饭店没有故意或者重大过失，不应承担赔偿责任。如果涉及产品质量问题，

应由产品或质量监督部门处理。

受理此案的北京市海淀法院认为，金源饭庄和老边饺子馆有义务提供安全的餐具、餐盒供顾客使用，并应保证使用和出售的餐盒是符合国家标准的合格产品。两家餐饮企业应当在销售和使用一次性餐盒前审查相关生产厂家的生产许可证和产品质量检测结果。此外，两被告在提供餐饮服务的同时出售一次性塑料餐盒，原被告就一次性塑料餐盒所形成的是买卖合同关系，而非赠与。

根据《食品卫生法》，北京市海淀法院判决：两被告赔偿 10 倍餐盒款 220 元。

宣判后，主审法官表示，因案件涉及社会大众的食品安全，且一次性餐具的管理不属于法院审理民事案件的范围，法院将依据法律规定，在终审判决生效后，将审理过程中发现的相关问题向质检、食品、工商、卫生等管理部门发送司法建议。

宣判之后，原告表示，他们将继续就一次性餐盒起诉其他饭店和超市，展开一系列打假维权诉讼。他们还介绍了检测一次性餐盒质量的两种简便方法：一是用醋检测餐盒质量。把餐盒放入 60 摄氏度的醋里，浸泡 2 小时，然后将醋蒸发，剩下的就是有害物质。二是用油检测餐盒质量。因为劣质餐盒一般含有石蜡，将油倒入餐盒底部，一夜后，油全部渗出。

作为具有盘碟功能的一次性餐盒，质量如何是关乎人体健康的大事。正因为"盘碟无小事"，餐具消毒也成了保障饮食安全的重要环节。

2010 年 3 月，内蒙古赤峰市卫生监督所披露：该市卫生监督所执法人员来到一个门脸房的小作坊，发现令人震惊的场景：这个只有十几平方米的小作坊，既是工人睡觉的宿舍、吃饭的餐厅，也是洗涤餐具的车间。五六个工人正在 3 个装着脏水的澡盆里洗涤餐具。这脏水来自暖气管道，而暖气管道里的水添加了大量的工业烧碱和防腐剂。

执法人员说，按照赤峰市规定，餐具消毒车间的面积必须达到 150 平方米以上，要配备专门的除渣、清洗、消毒、烘干和包装设备。消毒工艺达到卫生部门的制定标准后，消毒餐具才能上市流通。赤峰市中心区 17 家从事餐具消毒的企业，合格的只有 6 家，其余 11 家黑作坊被取缔。

应该给非法消毒餐具业"消毒"。2010 年 5 月，卫生部办公厅印发了《关于〈餐饮具集中消毒单位卫生监督规范（试行）〉的通知》。《规范》规定，县级以上地方行政部门每年应当不定期对辖区内的餐饮具集中消毒单位进行监督检查，每年至少对餐饮具集中消毒单位的餐饮具抽检 1 次，每次采样不少于 10 件。《规范》还明确要求：地方卫生行政部门接到地方各级工商行政部门通报的获得工商营业执照的餐饮具集中消毒单位信息后，应当及时指派 2 名以上卫生监督人员，对选址、生产用水、设备、卫生状况、销售记录等进行现场监督检查。一旦遇到消毒单位建于居民楼内、消毒工艺流程不规范、不能提供餐饮具批次出厂检验报告等情况，该单位的卫生监督检查结论将被定为不合格。卫生行政部门除了责令其限期改正和处以 5000 元以下罚款外，还要将监督检查结果通报当地食品药品监管部门，并定期向社会公布。

综上所述，包括一次性餐盒在内的各种盘碟，从产品质量到使用过程中的洗涤、消毒，都在不断加强依法管理。与此同时，也很有必要大力开展烹饪器具的科普宣传，让广大消费者增强"盘碟无小事"的健康饮食观念，谨防劣质餐具的危害。

小菜一碟，小看不得

干干净净的盘碟，装上色香味美的菜肴，赏心悦目，诱人食欲，能饱口福，又有营养。

可是，这盘碟之事，也能惹是生非，甚至超出了餐饮范围，用到了品人论事上：

他装什么"大盘菜"？

他算什么？"小菜一碟"！

这"大盘"和"小碟"，都来自人们的饮食生活。没拿"小菜"当回事，对"小菜一碟"不屑一顾。

"大盘菜"一定比"小菜一碟"好吗？

当然不是绝对的。特别是解决了温饱问题之后，更需要给"小菜"正名。

有媒体以"矫枉过正"的态度，提出这样的口号："小菜要革大菜的命"。或许与这个口号不无关系，常和小菜相提并论的小吃，不给"大餐"当配角了，而是以"小吃宴"的形式当上了"主角"。据报道，上海是较早推出"小吃宴"的城市。他们把小吃做成"宴"之后，与那些"大餐"相比，价格容易让人接受，风味也更为独特。"小吃宴"甚至成为饮食消费的一种新时尚。不少消费者从"大餐"转向"小吃宴"。济南一家高档酒店得到上海"小吃宴"专业人员的技术支持，济南人不用亲临上海，就能吃到地道的城隍庙小吃。

小菜一碟，小看不得，还可以举个咸菜的例子。咸菜，常被称为"小咸菜"。其实，在五彩缤纷的菜肴中，咸菜独树一帜，顺应着人们饮食生活发展的轨迹，以其血肉之躯造福于人类。在生活困难时期，主食粗，副食差，不就点咸菜难以下咽。在生活水平提高以后，精米精面，大鱼大肉，吃得腻了，人们又想起别具一格的咸菜，而且对咸菜的需求发生了明显变化：吃淡不吃咸；吃白（浅色咸菜）不吃黑（深色咸菜）；吃盒（瓶）不吃散（无包装）。从生产咸菜的工厂到普通百姓家庭，加工咸菜既讲究色香味形，又强调营养。同样，餐饮企业名厨大师制作咸菜时，也把功夫下在一个个"不"字上：

不要把蔬菜洗净了就腌制。洗净待腌的黄瓜、香菜、芹菜等蔬菜，放到碱水里浸泡一两个小时后，再取出来用盐腌制，咸菜碧绿不黄。

咸菜不要过咸。在生活困难时期，人们爱吃高盐度的咸菜，因为便宜，能下饭。如今，人们已不单靠咸菜下饭，而且知道食盐过多不利于健康，咸而又咸的咸菜不受欢迎。清淡多味的咸菜，既能在佐餐中调剂口味，又富有营养。

腌制咸菜的盐不要洗。用于腌制咸菜的盐，水洗后会使盐中的碘大量流失，起不到防治地甲病的作用。如果食盐中有不易挑出的杂物，先用冷水将盐溶化，待盐水沉淀后，去掉表层和沉淀的杂物，再把盐水倒入腌制咸菜的容器里。

没腌制好的咸菜不要吃。白菜、芥菜、芹菜等蔬菜，含有大量的硝酸盐，腌制时间不够，这种硝酸盐就会变成一种有毒的化学物质——亚硝酸盐，人吃了容易中毒。

　　咸菜加工中的一个个"不"，让笔者联想到北京"六必居"酱园的历史：这家酱园的前身是个酒店，酿酒坚持"黍稻必齐，湛之必洁，曲蘖必实，陶瓷必良，火候必得，水泉必香"，这"六必"，对酿酒所用的粮食、卫生、配方、用具、操作、水质等提出了严格要求。"六必居"也就因此而得名。后来酒店发展成专门生产咸菜的酱园，仍沿用"六必居"店名，把质量放在第一位，加工的咸菜名扬中外。

　　从古至今，咸菜市场靠质量求发展，呈现三个特点：一是品种多。咸菜不仅咸，还有加入辣椒腌制的辣白菜、加入白糖腌制的糖蒜、加入香料腌制的五香萝卜干等，口味杂，营养全。二是花样多。丝、片、段、块、丁、扇等形状不同，颜色各异，诱人食欲。三是消费多。家家户户离不开咸菜。咸菜拿到餐桌就是菜，直接食用，迎合了人们生活快节奏的特点，咸菜成了家常菜。在饭店里，制作雪菜山鸡片、雪菜大汤黄鱼等菜肴，也都以咸菜为原料。在商店里，礼品咸菜备受青睐，很多游客以买到异地他乡的咸菜为乐事。报载，某顾客一次从商店购买500多元钱的咸菜，用于春节期间馈赠亲友。

　　这些咸菜，通常都装在小碟里，端上餐桌。这"小菜一碟"的"碟"，也和"小菜"一样，小看不得，特别是以塑料一次性餐饮具替代的"碟"。

　　我国从2009年12月1日起正式实施的《塑料一次性餐饮具通用技术要求》，规定了塑料一次性餐饮具的定义和术语、分类、技术要求、检验方法、检验规则及产品标志、包装、运输、贮存要求，并对一次性餐饮具的范围进行了明确的界定：是指预期用餐或类似用途的器具，包括一次性使用的餐盒、盘、碟、刀、叉、勺、筷子、碗、杯、罐、壶、吸管等。

　　《塑料一次性餐饮具通用技术要求》强调严把"两关"：一是严把原材料关。感官上不得有异嗅；色泽正常；成型品不能有裂缝口及填装缺陷；无油污、尘土、霉变及其他异物；表面平整洁净，质地均匀，无划痕，无皱褶，无剥离，无破裂，无穿孔等。二是严把使用性能关。对塑料一次性餐饮具的容积偏差、负重性能、跌落性能、盖体对折性能等均提出了一系列规范性要求，尤其对耐温性能，如耐热水、耐热油方面制定了具体的要求。塑料一次性餐饮具耐热水试验后，不应变形、起皮、起皱、渗漏。这些要求，也为消费者科学选购和安全使用餐饮具提供了指南。

　　专家指出，安全性能好、回收利用价值高的塑料一次性餐饮具，将更有竞争力。

　　小菜一碟，从菜到碟，越来越受到人们的关注，真是小看不得！

看人下菜碟儿

"看人下菜碟儿",成了餐饮行业的一句口头禅。说的是,下什么"菜",装什么"碟儿",要因人而异。

据考证,"看人下菜碟儿",这句话最早出自中国四大古典名著之一的《红楼梦》。曹雪芹在《红楼梦》第六十回写道:"我家里下三等奴才也比你高贵些的,你都会看人下菜碟儿。宝玉要给东西,你拦在头里,莫不是要了你的了?拿这个哄他,你只当他不认得呢!"

在曹雪芹笔下,这"看人下菜碟儿",既包含"下什么菜,装什么碟"的意思,也成了不一视同仁的俚语。在幼儿园里,老师教孩子们要待人热情,不要"看人下菜碟儿",人人平等,没有高低贵贱之分。在人们的交往中,用"看人下菜碟儿"来讽刺不能一视同仁。

然而,在餐饮行业,却离不开"看人下菜碟儿"。比如,人家爱吃素的,你非要上五花肉炖酸菜,是不能被接受的。再比如,对有饮食禁忌的少数民族客人,你不问青红皂白,往餐桌上端所禁之物,更不能被容忍。那么,餐饮企业的"看人下菜碟儿",除了投其所好,如今又有创新——主题餐厅没菜单,看人下菜碟儿。

这家餐厅位于北京的簋街,以经营"江湖菜"为特色。店门口刀剑并立，酒旗迎风。迈进店门，入耳的是《射雕英雄传》的主题曲，入目的是墙上显眼的告示："凡入本庄侠客均需金盆洗手，重江湖义气方显英雄本色。"客人为"侠客"，店主即"庄主"。更与众不同的是，店家按人均35元至45元的消费标准配餐，"侠客"吃什么，由"庄主"说了算。当"侠客"落坐之后，"庄主"上前询问用餐人数、年龄、性别、有无忌口等，然后"看人下菜碟儿"。

如此这般，引发了不同的声音：

客人质疑：付了钱，却不能事先知道吃什么，容易引起纠纷。

店家解释：我们是专业人做专业事。很多人点菜犹犹豫豫，浪费时间，而我们根据客人的情况，按照"营养、适口、适量、合理搭配"的原则，代客配菜，符合"人在江湖，身不由己"的武侠理念。

律师说法：代客点菜，虽有特色，但值得商榷。消费者应具有相应的知情权，即有权获悉自己消费的内容。消费者早已习惯了明码标价，而如此"看人下菜碟儿"，容易引起纠纷，也就不宜盲目提倡和效仿。

据报道，这家餐厅并没有出现纠纷。接受这里的"看人下菜碟儿"，大部分是回头客，18岁至40岁的客人居多，他们图的是个新鲜好玩。

这种"因人施膳"的做法，在经营药膳的餐馆更为讲究。因为药膳除了讲究"因时施膳"、"因地施膳"，也特别强调"因人施膳"。由于人的性别、年龄、体质、生活习惯不同，组方施膳应有区别。胖人多痰湿，宜清淡化痰，忌肥甘滋腻；瘦人多阴亏津少，应滋阴生津，不宜辛温燥热之品；妇女在经期、妊娠、产后，常以八珍汤、四物汤等配膳；老人气虚血衰，生理机能减退，多

患虚证，宜平补，多用十全大补汤、复元汤组方配膳；小儿脏腑娇嫩，生机旺盛，应以调养后天为主，促进生长发育，宜用八仙糕等药膳。

不同民族的饮食，由于宗教信仰、生活习惯不同，不仅在食品原料上有差别，而且能通过餐具表现出来。河北唐山伊斯兰大厦的"看人下菜碟儿"，就具有清真饮食特色。不同规格的碟、盘、碗、杯等，都是经过再加工的"穆斯林专用餐具"，即每个餐具上都饰有精美的阿拉伯文字或图案。

这些"穆斯林专用餐具"，是由唐山新月穆斯林瓷厂生产的。

来到唐山新月穆斯林瓷厂的展厅，能看到各式各样的盘、碟、碗、壶。有成套的，有单件的；有实用的，有观赏的。骨瓷托盘、骨瓷碟等盘碟，都饰有精美的阿拉伯文字或图案。餐具与伊斯兰文化融为一体，深受信仰伊斯兰教少数民族消费者的欢迎。

餐饮企业的"看人下菜碟儿"，还以各种食物为原料，经过艺术加工，使菜肴具有造型艺术、味觉艺术、装饰艺术，观之心旷神怡，食之津津有味。它不同于绘画、雕塑、工艺美术，而是具有独特感染力的烹饪技艺，被称为"厨艺杰作"、"艺术珍品"、"彩碟"、"看盘"。

对"看人下菜碟儿"，人们不仅看盘看碟看"盘中餐"，也很讲究盘碟所承载的独特的饮食文化。有人不小心打碎了盘碟，本人或身旁的人不说"破了"等不吉利的字眼，而是说："落地开花，富贵荣华"。这就不仅打破了尴尬局面，也有"坏事变好事"之意。

顺便说说盘碟的保管。使用过的盘碟，有人喜欢摞在一起，放入厨柜。上一个盘碟底部的脏物会沾在下一个盘碟上，不仅不卫生，而且刚洗过的盘碟叠放一起很容易积水，再加上厨柜密闭不通风，水分很难蒸发出去，极易滋生细菌。因此，有人用干抹布擦去盘碟上的水，但抹布本身带有细菌，这种做法也同样不科学。专家建议：在洗涤碗碟处放一个碗碟架。器皿洗净之后，顺手将盘碟竖放于架上，把碗倒扣在架上，都能很快自然风干，既省事又卫生。

勺：主要炊具之一

在烹饪器具的大家庭里，勺是一个很特殊的成员，它既是炊具，又是餐具。

作为炊具的勺，主要有炒勺、汤勺、手勺、漏勺。

炒勺，也叫"炒瓢"、"炒锅"，用熟铁锤制，也有以不锈钢为原料的。勺底稍厚，边缘微薄，光滑不涩，轻巧灵活。炒勺是厨师不可缺少的工具。炒勺传热快，便于掌握火候，手和勺默契配合，颠翻自如，得心应手，适应制作菜肴的需要。炒勺还能在较短时间内完成加热、调味、勾芡等，使菜肴快速达到完美的属性。炒勺的这些优点，是其他炊具替代不了的。一般来说，炒勺专门用于炒、爆、炸、熘、煎、贴等烹饪技法。

汤勺，既有用于制汤的勺，也有用于盛汤的勺。作为炊具的汤勺，勺体较大，洁净，无油腻。用汤勺烹制的汤菜，汤色澄清，汤味醇正，没有异味。一般来说，汤勺适于烧、烩、焖、汆、炖、煨等烹饪技法。

手勺，也称"勺子"、"排勺"。手勺是厨师必备的主要炊具之一。用铁或不锈钢制成，圆形，敞口，底为弧形，圆径铁柄，柄尾装有木把。在烹饪操作时，炒勺和手勺，一大一小，密切配合。手勺轻巧灵便，能及时盛取调味品等原料，协助搅拌，推动菜肴，有助于翻勺。在菜肴出勺装盘时，手勺还便于盛舀菜肴，分盘装菜，整理菜肴造型，浇淋卤汁等，使菜肴蓬松饱满，形状美观。

漏勺，也称"漏瓢"。漏勺为圆形，敞口，弧形底，布满大小一致的圆孔，柄尾装有木把。有大小两种。大漏勺，也称"抄瓢"、"漏瓢"、"疏瓢"，有短把手，用于原料拉油后出锅、滤油，也用于原料焯水；小漏勺，也称"漏操"、"佬席"，有长把，装木柄，主要用于沸水或油中捞取原料、配料。

北京市一七九中学菜肴质感实训课

在长期的掌勺实践中，厨师们创造和积累了丰富的经验。比如，炒勺、汤勺不能混用；炒菜之前先炙勺；炒一次菜刷一次勺……

炒勺、汤勺不能混用。炒勺光洁明亮，轻巧灵活，主要用于过油和熘菜、炒菜，勺内油腻较大。如果用炒勺制作汤菜，汤汁会变得灰暗，色泽不好，味不醇正。制汤后的炒勺，再用于熘菜，

勺面不光滑，容易发涩粘勺。用汤勺炒菜或熘菜，因为勺体笨重，勺面干涩，不利于操作，菜肴容易粘勺糊底，破碎变形，口味失鲜，降低菜肴质量。所以，厨师必备两把勺，一个是炒勺，一个是汤勺，各有用途，不能乱用。

炒菜之前先炙勺。有炒制菜肴之前，有经验的厨师会习惯性地将炒勺坐在灶口上烧一会儿，再用凉油涮一下倒出，然后另加底油烹饪。这种做法叫"炙勺"或"炼勺"。炒菜前炙勺，有两个好处：一是可以杀菌消毒，使勺内洁净，没有铁锈味；二是用油炙勺后，勺壁涂满油膜，光泽滑润，煸炒时易于翻勺，便于搅拌，特别是投入挂糊上浆的原料，也不会粘勺。出勺时爽快利落，能提高菜肴质量，色香味美形好看。

炒一次菜刷一次勺。炒勺是烹饪加热的主要工具之一。炒菜要勤刷勺，这似乎是众所皆知的事，但有的厨师因为忙或图省事，不将炒制第一道菜的炒勺洗刷干净，接着炒第二道菜、第三道菜，甚至更多的菜。这样炒制出来的菜，不仅色、香、味不好，而且对人体健康有一定危害。有人曾刮取炒菜时产生的焦黑色勺垢化验，证明这种焦黑色物质含有对人害有害的3，4苯并芘，特别是烹制富含蛋白质、脂肪的菜肴时，勺垢中的3，4苯并芘含量更高。由于菜肴品种不同，滋味各异，炒一次菜肴之后，勺内会粘有芡汁、残菜，不洗刷干净，就会影响下一道菜的口味、色泽。做到上道菜与下道菜不混味，实现一菜一格，风味各异，必须炒一道菜刷一次勺。刷勺还可以保持勺面光滑油润，有利于操作时干净利落。

一勺炒一个菜。如果一次炒制的菜肴过多，就会影响菜肴传热和吸收滋味，而且颠翻困难，菜肴色泽不均，形态不佳。也不方便出勺装盘。

勺工：厨师的基本功之一

勺工和刀工，虽然使用的烹饪器具不同，但都是厨师的基本功之一，也是评定厨师烹饪技术的重要标准之一。

在烹饪实践中，勺工技术运用得好不好，与菜肴质量关系很大。根据菜肴在勺内的变化情况，灵活运用勺工技术，才能满足各个环节和菜肴质量的要求，准确掌握出勺时机，烹制出色、香、味、形俱佳的菜肴。

如果不能正确运用勺工技术，或者勺工技术不熟练，很难达到菜肴质量要求。比如，烹制挂浆菜肴，翻勺不及时或不熟练，糖浆就挂不匀，从而影响菜肴的质量和特色；烹制熘炒菜肴，翻勺速度慢或不均匀，汁卤挂不均匀，就会出现受热、调味、色泽不一致；烹制扒菜，翻勺功夫不好，菜肴的正面翻不过来，菜肴形状就会散乱。因此，名厨大师都十分重视勺工，勤学苦练，丰富勺工知识，提高勺工技术。

烹饪原料按顺序下勺。除个别菜肴使用单一原料之外，一般来说，一道菜肴是由几种或多种原料构成的，包括主料、辅料、调味料，进行适量搭配，入勺烹制而成。在烹饪操作时，必须根据原料的性质和菜肴的质量要求，按照严格的先后顺序，将主料、辅料、调味料投入勺内，不能有丝毫马虎。同入一勺的原料，生

熟不一样，老嫩艮硬不一样，受热后产生的物理和化学变化也有很大差异。还因为原料的质地和性能不同，改刀后的形状不同，承受的火力也不相同。所以，为了使勺内各种原料成熟一致，色、香、味、形都能达到质量要求，投料时就必须分清先后，按顺序分别下勺。

勺内不能起火。烹饪原料入勺之后，有的厨师又特意在勺内多放油，或向灶膛内淋油，致使颠翻时勺内起火，让顾客觉得烹饪火候掌握得好，厨艺高。其实，这种方法不可取，因为这种"虚晃一招"的方法，并不是真正的火候。真正的火候，是温度加时间。人为淋油造成的勺内起火，会给菜肴带来一股烟熏的糊味，成菜色泽不美观，影响菜肴质量，还浪费了油脂。

多掌握几手翻勺的技法。翻勺，能把烹饪菜肴过程中的加热、调味、勾芡等各道工序巧妙而有机地结合起来，取得手铲和铲翻达不到的种种效果。一是翻勺传热快——抢火候，特别适用于炒、爆等旺火速成的烹饪技法，保持菜肴的鲜、嫩、脆；二是翻勺能使原料不断地移动变位，在高温条件下和短暂的时间内，使菜肴受热均匀，成熟一致，调味全面，色泽相同，且能防止原料糊锅粘底和菜形破碎；三是翻勺能使菜肴和芡汁交融，芡汁均匀地粘附于主料、辅料，迅速除腥解腻，提鲜增香，还能给菜肴美化起到协助作用。因此，为了使菜肴更加完美，在烹饪过程中，应根据不同技法和要求，多掌握几手翻勺的方法：大翻、小翻、左右侧翻，等等。

翻勺次数不宜过多。虽然翻勺具有很重要的作用，但什么时候翻勺，采用哪种翻勺技法，翻勺多少次，都不能随意而为。应根据原料的性质、菜肴的要求、火候的变化，加热时间的长短而定。如果频频颠翻，次数过多，菜肴易于破碎，浆糊脱落，色泽变暗，口感变差。所以，要防止翻勺次数过多而影响菜肴质量。

翻勺或收汁前要晃勺。晃勺，是勺工中的一项基本技术动作。用手握住勺把晃动，让勺在灶口上转动，或将勺端离灶口，旋转晃动。这样晃勺，能防止菜肴粘锅糊底，也能防止糊边变黑、产生异味。菜肴在松散滑动中受热、入味、着色，粘挂芡汁，易于翻勺，原料不易破碎，菜形美观。晃勺，一般在翻勺前和收汁前运用较多，有利于汁芡均匀，快速出勺，缩短烹饪时间，保证菜肴质量。

扒菜必须大翻勺。大翻勺是一项难度较大的勺工。据说，大翻勺源自宫廷，后来逐渐流传到民间。在扒制菜肴时，要求菜肴形状整齐美观，原形不变，不散不乱，主料辅料清楚，色彩分明，两面成熟一致。只有大翻勺，扒菜才能达到最佳的受热效果，装盘后，菜形平整，美观大方，最大限度地体现扒菜的风味特点。

掌握正确的出勺方法。烹制好的菜肴，如何出勺，很有讲究，因为它既有技术性，又有艺术性。总起来说，菜肴出勺要保持菜肴整齐美观，主料突出，光滑圆润，蓬松饱满，洁净卫生。出勺分盘时，手头要准，分装均匀。勺离器皿角度合适，高低恰当，动作迅速敏捷，干净利落，趁热装盘。由于烹饪技法和菜肴类型不同，出勺方法也多种多样。例如：盛入法、拖入法、扣入法、扒入法、倒入法以及覆盖法。

尽量将菜肴颠入手勺后装盘。菜肴出勺装盘时，不可用手勺敲击炒勺，炒勺底不要靠近盘边，防止污染盛器和菜肴。应尽量将菜肴颠入手勺后装盘，这样能将主料或整齐的菜肴颠入手勺，小而碎的菜肴倒入盘内垫底，然后将手勺的菜肴整齐地盖在上面，显得菜肴整齐美观，主料突出。菜肴颠入手勺后，也便于调整盛装的位置，防止汁卤飞溅。厨师出勺装盘的姿势，也显得自然优美。

练勺工的窍门

勺工，在烹饪行业具有极其重要的作用和地位。业内曾流行这样的说法："一堂，二墩，三灶。""一堂"，是指厅堂里热情周到的服务，博得顾客的欢心；"二墩"，是指烹饪刀工精细，菜肴形态精美，诱人食欲；"三灶"，是指厨师的灶上功夫好，菜肴色香味形俱佳。这"灶上功夫"，勺工难度大，要求高，也就有了"掌勺三分钟，须练三年功"的说法。名厨大师们练勺工，练出不少窍门：

正确握勺。一般用左手握勺，手心朝右上方，贴住勺柄，手掌与水平面约成140℃左右，拇指放在勺柄上面，握住勺柄，握力适中，不要过分用力，以握住、握牢、握稳为准。这样握法，便于在翻勺过程中充分发挥腕力和臂力的作用，翻勺灵活、准确。在左手握好炒勺的同时，右手执好手勺。执手勺的右手，中指、无名指、小指和手掌执住手勺柄的顶端，起勾拉作用；食指前伸，扶住手勺柄的上面；拇指按住手勺柄的左侧，拿住手勺。操作时，双手配合，左手握住炒勺翻动，右手执住手勺，根据炒勺翻动的情况，配合操作。

这样的勺工操作，与刀工操作进行比较之后，有专家特意撰写文章，认为：优秀的刀工操作，构成了一种令人愉悦的"烹饪的乐章"；出色的勺工操作，则上演了一种让人称道的"烹饪的舞蹈"。两个比喻，都很恰当。

舞蹈般的勺工操作，包括握勺、翻勺、出勺三个技术动作，最为关键的是翻勺技术。

运用翻勺技术制作菜肴，是我国前辈厨师的独特创造。翻勺把菜肴烹饪过程中的加热、调味、勾芡等工序巧妙地、有机地结合起来，一气呵成，迅速出勺，菜肴鲜嫩。如果不会翻勺，只用手铲，铲来铲去，总难如愿。比如，炒菜时，顾了铲翻加热，顾不了调味、勾芡；顾了调味、勾芡，又顾不了铲翻加热，总是顾此失彼，不能快速完成烹饪，也达不到理想的烹饪效果。再如，扒菜时，要求出勺前后菜形一致，这就只有运用翻勺技术才能实现。

通常，在翻勺之前，有一个晃勺环节。晃勺，分为左晃、右晃。左手拇指和食指捏住勺柄，其余三个指头放松自如地捏住勺柄，运用腕力，有节奏地晃勺，由左向右或由右向左旋转，慢慢收拢原料，使其受热均匀又不粘锅，起到"光泽成形"的作用，也是为下一步的翻勺做准备。晃勺之后的翻勺，有多种翻法可供选择。

前翻：先进后拉，将原料抛起，从外往里翻。前翻分为大翻勺、小翻勺、顶翻勺。

后翻：先拉后送，将原料抛起，从里向外翻。后翻适用于汤汁较多的菜肴，能防止汤汁溅到厨师身上。

顶翻勺：在前翻勺的基础上，用手勺辅助，推动原料，左右手协调配合，快火急炒。顶翻勺适用于炒制原料较多的菜肴。

侧翻勺：分为左翻勺和右翻勺。拇指、食指起勾拉作用，其余三指起推、托的辅助作用，运用腕力，将原料从左往右拉起托

住，或从右向左拉起托住。侧翻勺适用于形整汤多的菜肴。

大翻勺：原料一次性翻身，拉、送、扬、托，每个动作都要迅速快捷，干净利落，一气呵成。

小翻勺：勺放灶沿，前面略倾斜，一送一拉，通过连续颠动，勺内菜肴移位，均匀成熟。

在勺工实践中，难度较大且运用较多的是大翻勺、小翻勺。

大翻勺，因为翻勺动作较大，称之为"大翻勺"。大翻勺难度大，要求高。大翻勺不仅要将原料翻过来，而且要翻得准确、整齐，翻前是什么样，翻后仍是什么样。比如，无汁菜"摊黄菜"和带汁菜"扒鱼翅"，都要求大翻勺后原形原样，不散不乱，这就必须掌握大翻勺的技巧。一是勺内光滑不涩。可采用"阴锅"、"炼勺"的办法，即制作菜肴之前将勺放在火上烧热，放少量油，烧沸，晃勺或手勺搅匀，勺面沾上热油后，余油倒出，勺面光滑。二是充分晃勺。大翻勺之前，通过转动勺内菜肴，防止粘底，或淋入少许热油，增强润滑度。三是菜肴芡汁浓度适当，勾芡均匀，防止菜肴翻不起来或不能整个翻身。

小翻勺，与大翻勺相比，动作较小，菜肴在勺内滚动，所以称之为"小翻勺"，也叫"颠勺"。左手握住炒勺，不断向上颠动，勺内菜肴松动移位，均匀加热，调料入味，芡汁包裹。小翻勺时，右手必须紧密配合。一是及时调味勾芡；二是协助搅拌，使菜肴受热更加均匀；三是在菜量较大情况下，不易翻过或滚动不匀时，用右手的手勺推动菜肴，使之全部翻过——"推翻"。值得注意的是，小翻勺主要是左手颠动，特别是勾芡之后，颠动要均匀，出勺要迅速。

勺下技艺，大雅文章

厨师临灶操作，使用炒勺和手勺，不仅需要掌握一些基本功，还应该掌握一些窍门。在名厨大师看来，勺工操作的临灶姿势、投料入勺、翻勺技艺、识别油温、勾兑芡汁、成菜装盘，"虽是勺下技艺，却是大雅文章。"勺工的作用，至少有以下五点：

一、正确掌握火候。用炒勺炒菜时，厨师通过娴熟的勺工技艺，快速反应，敏捷操作，动作准确，出勺的菜肴才能色香味美。

二、防止菜肴营养成分流失。快捷灵活地翻勺，能减少烹饪原料本身营养成分和水分的流失，也有利于成品菜肴原汁原味。

三、提高烹饪质量和效率。巧妙运用勺工技艺，正确使用臂力和腕力，左手和右手紧密配合，投料、翻勺、勾芡、出勺等环节，紧密衔接，动作协调，节奏明快，能提高烹饪的质量和效率。

四、减轻疲劳，增强兴趣。烹饪工作是脑力和体力相结合的劳动。长时间临灶，既消耗体力，又容易枯燥乏味。"舞蹈般的"勺工操作，则有利于集中精力，减轻疲劳感，增强劳动的兴趣。

五、让顾客"未尝先知"，有利于招揽生意。在开放式厨房，厨师高超的勺工技艺，能吸引顾客惊叹的目光，先欣赏厨艺，再品味佳肴，留连忘返。这在某种程度上也能起到招揽顾客的作用。

在烹饪实践中，充分发挥勺工的作用，必须掌握勺工的学问

和菜肴知识，反复实践，熟能生巧，使握勺、翻勺、出勺等技术动作都能运用自如，恰到好处。与此同时，还应根据不同的烹饪技法，把勺工技艺与加热、调味、勾芡等各道工序巧妙地、有机地结合起来。名厨大师无不注重勺下技艺，创造和积累了丰富的勺工经验。

从炒勺边淋入兑汁芡。兑汁芡，又称"预备调味"。兑汁时，将各种调味品及粉汁放在一起调匀，校正口味和汁的用量，一般用碗盛装，也称"碗芡"。使用兑汁芡，能使菜肴脆嫩柔滑，味道均匀，芡汁糊化后粘附于原料表面，菜肴更加入味。兑汁芡还能减少调味工序，加快烹制速度，节省调料。兑汁芡主要用于爆、熘、炒等旺火速成的"火候菜"，也就更多地与勺打交道。如果把芡汁直接淋到原料上，或者把芡汁全部倒入炒勺内，芡汁不易成熟，糊化不匀，原料吸收汁卤也不一致，难以快速产生复合美味，部分原料还容易回软，影响菜肴质量。所以，从炒勺边淋入兑汁芡，易于芡汁成熟，并随着勺的颠动逐渐被原料吸收，菜肴芡汁均匀，外焦里嫩，色泽一致，口味统一。

在淋芡汁时晃勺。一只手持炒勺旋转晃动，另一只手持手勺淋芡汁，即"淋汁时晃勺"，是厨师常用的操作手法之一。淋汁时晃勺，能使菜肴和芡汁均匀地结合起来，便于掌握芡汁的浓度和数量，稀稠适度，芡汁易于成熟，透亮清澈，并能防止芡汁粘锅糊底或结成疙瘩，保持菜肴形状整齐完美，不散不乱。需要注意的是，两手协调配合，汁要淋匀，勺要晃稳，才能达到最佳勾芡效果。

出勺不宜过早或过迟。菜肴淋入芡汁后，必须准确掌握出勺时机。出勺过早或过迟，都会影响菜肴的质量和风味特色。出勺过早，容易出现三个问题：一是芡汁在菜肴中分布不均匀，或未熟透，变得粘稠，不能完全糊化，不能全部包裹住原料，也就达不到明油亮芡的效果；二是菜肴流芡，口味不足，甚至有一股生粉芡味；三是汤羹不能均匀变稠，起不到勾芡烘托主料的作用。与此相反，如果出勺过迟，芡汁水分蒸发，变得粘稠，容易粘锅糊底，产生焦糊味，形成团状，菜肴不滑润，也不软嫩丰满。汤羹则因出勺迟而变得过于浓稠，不勾滑利口。

油滑时，原料分散下勺。原料在油滑之前，一般要经过上浆处理，外表粘有一层浓稠的浆糊。油滑时，如果同时将所有原料倒入勺中滑制，原料很难滑开，形成一团，互相粘连，受热和色泽都不均匀，形状断碎，既影响菜肴形状和色泽，又容易造成生熟不均。所以，油滑时应将原料分散下勺，并用铁筷子不断地轻轻推动，逐个分开菜肴的丝、丁、条、片，受热均匀，质地相同，色泽美观，形状整齐。

淋明油后，及时出勺。被芡汁包裹住的菜肴，淋入明油后，不及时出勺，或翻勺次数过多，明油会将芡汁懈开，芡汁流淌，形成脱芡、结堆。特别是比较光滑和过油的菜肴，更应注意把握时机，及时出勺。

烹制菜肴，快速出勺。烹，是在炸制基础上发展而来的，因此有"逢烹必炸"的说法。烹制菜肴使用的汁，是没有粉芡的清汁，用量也很少，与挂汁带芡的菜肴不同，不需要粘挂均匀再出勺。烹汁后，汁在一瞬间被急火中的菜肴吸收进去，外焦里嫩，鲜咸适口，风味特色突出，食后盘内无汁。这就必须在烹汁后快速出勺。

把 勺 问 史

　　烹饪器具里的炒勺、手勺，人人熟悉，家家必备。在中国380多万家餐饮企业同样不可或缺，无可替代。各种炒勺、手勺，不仅在烹饪活动中备受青睐，也成了受人瞩目的收藏品。

　　京城"老字号"致美斋饭庄，已有200多年历史。他们通过炊具、餐具等上百件藏品，记录着烹饪行业久远的过去。这些藏品，整齐地陈列在两个一米多高的展柜里，并立于饭庄大门两侧，犹如两位特殊的"迎宾"。进进出出的顾客，不仅驻足观看，往往还要评论一番，探究一二。有一个手勺，勺口不平，左边勺壁凹下去一大块，形成月牙形。很显然，那是炒菜时手勺与炒勺无数次碰撞之后，磨损所致的缺口。也很显然，这手勺的主人曾是多么地勤奋和简朴！感慨之下，人们不禁追问：这勺是什么时候的？

　　收藏者正是这家饭庄总经理张元善。他一遍又一遍地向参观者介绍："这个手勺是清代的。"

　　如果他说的是对的，那么，由手勺联系到炒勺，把勺问史，也就印证了陈学智关于"炒勺诞生于清代"的研究结论。

　　陈学智现任中国食文化研究会副会长，教授。他为了写作《炒勺探源》，查阅大量烹饪古籍：宋代的《山家清供》、《笋谱》、《菌谱》、《蟹谱》、《糖霜谱》、《饮膳正要》；明代的《易牙拾遗》、《宋氏养生部》、《遵生八笺》、《本草纲目》、《多能鄙事》、《墨娥小录》、《居家必用事类统编》、《便民图纂》、《天工开物》、《家政全书》……查来查去，多是原料介绍、养生知识、烹饪火候，少有煮、蒸以外的烹饪技法，均不见"翻勺"字样。因此，陈学智认为，清代以前，没有炒勺实物记载，缺乏烹饪技术交流，烹饪工艺进步受到制约，诞生炒勺的几率也微乎其微，"菜肴的制作还是炒勺以外的工具完成的"。

笔者很钦佩陈学智"打破砂锅问到底"的治学精神。他在明代历史中仍"寻勺不得"之后，打开了清代袁枚的《随园食单》，终于有了新发现：

"《随园食单》的'一物各施一性，一碗各成一味'，也证明，当时既有大锅的煮、炖技法，也有了'一勺（锅）出一菜'的小炒等技法。'先武后文，收汤之物'就是现在用的晃勺技法，或烧或燔。不晃动炒勺（锅），只用手勺会拌碎，不晃勺，不翻勺会糊锅，只能在最后收汁时，晃动炒勺完成。此时的炒勺应该出现。"

陈学智发表在《饮食文化研究》（2007年3期）的《炒勺探源》一文，在餐饮业引起较大反响。厨师们希望从事烹饪研究的专家学者继续刨根问底，弄清勺的来历，继承和弘扬烹饪文化。笔者的一位厨师朋友，堪称"学者型厨师"，他为"勺出现于清代"提供了下列佐证：

"乾隆十九年五月十日，清宫御膳早餐中有'锅烧鸭子云片豆腐一品'。锅烧，就是挂蛋泡糊之后，两面炸制。这种烹饪技法，炒勺操作，十分方便。"

"在慈禧的冬季膳单中，有'燕窝寿字玉柳鸡丝'、'熘鸡蛋'。这两道菜的'熘'，焦熘需急火热油，炸两遍，上灶，翻勺；

滑熘需上浆、滑油、起勺沥油；二次起勺炝锅、下料、翻炒，勾芡，翻勺。这两种熘法，如果不是利用炒勺，操作起来是相当困难和麻烦的。在'熘'出现之前，就应该有炒勺了。"

相关研究成果证明，炒勺的出现，是一个"应运而生"的演变过程。炒勺借鉴了魁、铫、铛等古代炊具的形状，补充了锅的功能，成为厨师得心应手的主要炊具之一。

炒勺：熟铁锻制，壁厚一般在 2 毫米至 3 毫米，勺底最厚处一般在 4 毫米。直径不等，分若干型号。饭店常用的为 2 号勺：直径 340 毫米；铁手柄长约 80 毫米，镶入木柄长约 120 毫米；重约 1.5 公斤。1993 年 8 月 30 日，《经济日报》发表专访北京和平宾馆特级厨师崔建勋的文章，题目就是《勺重一斤半 掌出千道菜》。

与炒勺作用相近的是煸锅。熟铁或不锈钢锻制，壁厚一般在 2 毫米至 3 毫米，勺底最厚处一般在 4 毫米。直径不等。饭店常用的煸锅直径为 385 毫米；铁耳宽约 9 毫米、高约 8 毫米；重约 1.8 公斤。

也有研究者认为，炒勺的器形，最早是受喂马的马勺影响。喂马取食和搅拌饲料，使用一种直径约为 150 毫米至 200 毫米的马料勺，也称"马勺"、"马瓢"。后来炊具中的炒勺借鉴于此，也就称炒勺为"大马勺"、"炒瓢"。

炒勺和手勺交相辉映，成为烹饪器具舞台上的"最佳搭档"。据史料记载，1911 年，辛亥革命推翻清朝的统治后，宫廷里的大批"御厨"被遣散出宫。他们重回民间，重新创业，"带着炒勺起家"。北京的餐饮业老字号"仿膳饭庄"，就是由 10 多名宫廷"御厨"带着炒勺，于 1925 年创办的。

掌 勺 者 说

　　2010 年 8 月 23 日，世界名厨协会在北京人民大会堂举行第33 届年会，来自中国、加拿大、意大利、瑞典、美国、英国、俄罗斯、奥地利、芬兰等国的 50 多位名厨出席。这些名厨都是专职负责国宴制作或为国家首脑、王室掌勺的"御厨"。他们参加这届年会，一边享用美食，一边谈论各自的烹饪心得，会议气氛好，都认为受益不小。

　　世界名厨协会年会，始于一次"御厨聚会"。1977 年的一天，住在法国里昂的一位厨师突然兴之所致想请客，于是张罗了一次私人晚宴，邀请的几个朋友都是曾为总统或王室掌勺的名厨。

　　在这次聚会上，他们做出一个决定，将类似的社交聚会变成一个公开的美食研究交流机构，这便是世界名厨协会的由来。

　　在我国，也有类似的行业组织和交流活动，也都受到餐饮业人士的欢迎。掌勺者说，厨行交流的主要内容有两个：一是厨德，二是厨艺。关于厨德，主要涉及三个问题：一是厨德的基本原则；二是厨德的基本规范；三是厨德的修养。说到厨艺，虽然也有标准、规范等"硬指标"，却常常比较模糊。比如，再"给菜加的一把火"、"好厨师，一勺盐"。这"一把火"，到底是多大火力？要多长时间？那"一勺盐"，是满勺？是半勺？是三分之一勺？是勺边一点点？再如，菜肴的"嫩"——菜肴在出勺前那一刻，是生与熟之间，来个大翻勺，再加上出勺后的热量渗透，菜肴不生了，也嫩了。这"一把火"的度、"一勺盐"的量、一个"嫩"字的把握，都挺"模糊"，反而成了中餐厨艺的一种优势，成了烹制美味佳肴的一个有利条件，成了"可利用资源"，也就更能引起厨师的重视，勤学苦练，提高悟性，精益求精。交流勺工技艺，成了掌勺的厨师们说不完道不尽的话题。下面记录的，便是一位掌勺师傅答徒弟问——

问：为什么烹饪时要用手勺？

答：炒勺和手勺，一大一小，相依相伴，密切配合，都是烹饪舞台上十分重要的角色。手勺轻巧灵便，能及时盛取各种调味料，协助搅拌，推动菜肴，有助于翻勺。菜肴出勺装盘时，用手勺分盘装菜，整理菜型，浇淋卤汁，都十分方便，还能使菜肴蓬松饱满，形态美观。

问：为什么说手勺是厨师的"眼"？

答：厨行的老师傅常跟徒弟们说，"眼是戳子，手是秤。"说完，往往还要在灶前现场讲解一番：在烹制菜肴时，主料、辅料、调味料，品种多，质地不一样，有干有稀，有软有硬，想一样一样秤出准确的用量，既来不及，也不可能。特别是调味料，一道菜肴需要的调味料，品种多而数量少，有的甚至是微量，这就要靠掌勺人的"一勺准"——凭眼力、手法和熟练的技巧，也就有了"眼是戳子，手是秤"的说法。"眼是戳子"，是指用手勺盛取调味料数量的准确性；"手是秤"，是指用手拿取主料、辅料数量的准确性。也就是说，在烹制菜肴时，要凭厨师眼光和手头的功夫，准确下料。这是提高菜肴制作速度和保证菜肴质量的重要环节。

问：为什么用盐刷勺？

答：炒勺刷得光洁滑润，颠翻时勺内光滑，炒出来的菜光亮润泽。刷炒勺有一个窍门：草根刷子粘一点食盐面擦炒勺，效果更好。

问：为什么有了"限盐勺"？

答：北京的一些居民家，盐罐里多了一个"限盐勺"。勺子的一头可以盛盐 2 克，另一头可以盛盐 1 克。居民们说，用"限盐勺"把关，就不用担心多用盐了。这"限盐勺"，来自北京市营养学会等单位发起的"北京市营养知识宣传周"活动。因为多盐是一些慢性疾病的重要致病因素，所以，为了有效指导居民膳食平衡，"限盐勺"、"小油壶"、"油汤分离器"等厨具受到重视和得以推广。在北京市"限盐行动"中，曾采取"买盐赠勺"的方式，将 100 万把"限盐勺"免费发放给市民。对于餐饮企业的厨师来说，也能从家庭"限盐勺"中受到启发和促动，那就是练好"眼是戳子，手是秤"的功夫，限量用盐，准确用盐，为顾客提供营养美食。

问：为什么提倡"量勺服务"？

答："先生（小姐、女士），你点的菜差不多了。"服务员这善意的"遏制"之后，客人将餐桌上的饭菜"一扫而光"，没有浪费。这样的餐厅服务，被称为"量勺服务"。"量勺服务"，能使消费者感到店家站在消费者的角度考量，这远比顾客点菜"多多益善"受欢迎。顾客点菜，是一件不好把握的事情：点得少了，显得小气寒酸；进餐过程中再点菜，显得尴尬，又浪费时间；点得多了，面对大量吃不完的菜肴，谁也吃不下了，却又往往不肯离席。一旁等坐的顾客转身离去，另奔别处用餐，致使店家失去了一次赚钱的机会。而"量勺服务"正是给店家提供了加快"翻

台率"的好办法。有报道说，上海的一些餐饮专家认为，"量勺服务"需要服务员细心，能观颜察色，根据顾客的性别、年龄等情况，帮助顾客适量点菜，让消费者和店家都能在"量勺服务"中受益。

筷子种种

　　《烹饪器具与设备》是中国轻工业出版社 2000 年 1 月出版的高等职业教育教材，也是笔者写作烹饪器具科普文章的"向导"和"工具书"。在查阅和引用该书的资料时，笔者有一种感觉：烹饪教学、厨师培训和进行烹饪研究离不开烹饪教材，也需要必要的辅导资料，因为狭义的教材就是教科书，而广义的教材则包括教科书及必要的教学辅导资料。

　　《烹饪器具与设备》共有 9 章、30 节，37 万字，"筷子"被列入第 2 章第 3 节，不足 200 字，照录如下：

　　筷子　古时称"箸"或"楮"，是中餐特有的夹食用具。制造材料有竹、木、塑料、银、不锈钢等，另外还有象牙筷。其中以竹筷和木筷最多，常用的有普通竹木筷、红木筷、楠木筷、乌木筷、铁木筷、漆木筷等。筷子规格繁多，最长的云南景颇族人使用的和北京吃烤羊肉专用的筷子，最短的是儿童筷子。中国筷子举世闻名，在某种程度上它是中国饮食文明的象征，含有较深的文化内涵。

　　作为教材，《烹饪器具与设备》以一定的教学目的为宗旨，合理确定知识的广度和深度，对筷子进行上述评介。如果对筷子进行专题研究，显然还需要教科书以外的相关资料。《中国烹饪

百科全书》、《中国烹饪辞典》关于筷子的介绍，民俗学者、古筷收藏家蓝翔和工艺筷专家王剑勤合著的《古今中外筷箸大观》等相关书籍和报刊资料，丰富了教材以外的筷子知识。

铜筷：我国最早使用的金属筷子，是用铜制造的筷子，称"铜筷"。1961 年云南祥云大波那铜棺出土 3 支铜筷，长 28 厘米，圆柱形，测定为公元前 500 年左右。有人曾认为这是我国最早的铜筷。其实，比这更早的是河南安阳殷墟 1005 号墓出土的 3 双青铜筷，测定为公元前 2000 年左右——商代晚期和西周早期，青铜冶造业达到高峰，饮食器具是青铜艺术的代表作。后来，因铜易氧化而产生毒性，铜筷被淘汰。

银筷：取代铜筷的是银筷。1982 年，江苏镇江东郊丁卯桥出土银筷 36 支，这是我国出土最多的银筷。据记载，银筷得宠上千年，除了经久耐用、色泽秀美，主要是民间认为银筷能测毒。实际上，银筷测毒之说并不全面、不可靠。实验证明：在接触砒霜、山柰、氰化钾等硫化物时，银筷才会失去光泽，发黑；而接触河豚毒、毒蕈毒、发芽马铃薯龙葵毒、变质青菜硝酸盐时，因不产生硫化物，银筷也就不会出现发黑等变化。当然，因为银筷有杀菌作用，也就有益健康，至今仍有店家在经营，有消费者在使用。

金筷：唐明皇在安史之乱前，曾以金筷等黄金铸制的餐具赐给安禄山。清末以后，金筷不再是皇家独有。上海话"金台面"，便是指 10 人一桌席面的酒杯、小碟、筷子、筷枕，全部由黄金铸制。北京故宫珍宝馆收藏了慈禧使用过的金筷，还有镶金玉箸、六楞镀金象牙筷，都具有很高的文物价值。

铁筷：据《汉书·王莽传》记载："以铁箸食"。考古人员在南京六合程桥吴墓发现类似筷子的铁条。

铝筷：铝筷是 20 世纪出现的筷子新产品，曾在江南乡镇流行一段时间，因铸造花纹粗糙等原因，不受欢迎，也就销声匿迹了。

兽骨筷：取材于牛骨、驼骨、鹿骨。虽然象牙筷也属兽骨筷，但筷子专家认为，应将象牙筷与兽骨筷分开。理由有三：一是象牙筷上有牙纹，纵横交叉成人字纹，有粗有细，清晰秀美，而兽骨筷没有牙纹；二是象牙筷较重，而兽骨筷因中心疏松而较轻；三是象牙筷光滑无细孔，而兽骨筷有微孔。

玉石筷：在河北承德避暑山庄博物馆和北京故宫博物院珍宝馆，藏有清代乾隆、咸丰、光绪、慈禧用过的羊脂玉筷。民间收藏者还有青玉筷、白玉筷、墨玉筷、黄玉筷、岫玉筷等。既硬又脆的玉石筷，作为陪葬品埋于地下，年久即碎，出土时看不出玉筷的痕迹，只作为碎玉处理。总起来说，玉不太适于制作又细又长的筷子。玉石筷传世较少。

密塑筷：密塑是"密胺塑料"的简称。密塑耐酸、耐油、不传热，适于制作餐具。密塑易于染色，可染成与象牙筷相仿的颜色，硬度也具有象牙筷的特点，韧而富有弹性，磨擦表面不会起毛和留有痕迹，所以密塑筷也称"仿象牙筷"。

综上所述，筷子种种，可以从两个方面进行分类研究：从材质上看，筷子可分为五类：竹木类、金属类、牙骨类、玉石类和密塑类；筷子不仅仅是吃饭的餐具，还可根据不同用途分为六类：古董筷、工艺筷、旅游筷、纪念筷、宾馆筷和日用筷。

最长的筷子。长198.8厘米。这双红木筷子，荣获上海《大世界》基尼斯中国长筷之最，现珍藏于上海民间民俗藏筷馆。

最短的筷子。长7厘米。这双火柴梗似的微型玳瑁筷，曾参展于2000年在台湾举办的海峡两岸"筷迷快乐筷子展"。

筷子的演变

对于筷子，高等职业教育教材《烹饪器具与设备》是从其名称上说起的：筷子，古时称"箸"或"梜"。从筷子的名称说起，能更加明晰筷子源远流长的历史……

战国时期，称筷为"木箸"。《韩非子·喻志》中有详细记载。木箸，从木从竹。这就说明，我国最早的筷子多为木筷或竹筷。

先秦时期，称筷为"木夹"。《礼记·曲礼》载："羹之有菜者用木夹，无菜者不用木夹。"

汉代，称筷为"箸"。《汉书》、《史记·留候世家列传》等古籍均有记载。

明代，江苏太仓陆容在《菽园杂记》中写道："民间俗讳，各处有之，而吴为甚。如舟行讳住、讳翻，以箸为快儿，幡布为抹布。"正因为这样，从汉代至明代叫了上千年的"箸"——"古筷之名"，遭到人们的厌恶，最终被抛弃。

明末清初，老百姓自发地将"箸"改为"快儿"。当时，变更这种常用餐具的名称，既没有官方告示，也没有方便快捷的宣传工具，却传播得非常快。究其原因，是人们都有求吉利、讨口彩的心理。"箸"与"住"同音，这在江南水乡的渔民和船民那里，"箸"就犯了忌讳："住"者，停也，船停了，就意味着没有生意，没有收入。于是，渔民和船民"反其道而行之"，将"箸"改为"快儿"、"快子"。又因为南方筷子都是竹制的，人们便给"快"字加了个竹字头，汉字也就多了一个"筷"字。

"筷"与"快"同音，在举行婚礼时，人们又将"筷"转换成"快"，推出求吉利新口彩："筷子筷子，快生贵子。"

明代，是筷子演变的一个十分重要的时代。这不仅体现在筷子称呼的变更，还表现在筷子形状的变化——首方足圆——筷子的上半部为方形、下半部为圆形。

在明代以前，无论普通的木筷、竹筷，还是高档的银筷、象牙筷，大多为圆柱体，也有六棱形，极少四方形，首方足圆的少之又少。"首粗足细圆柱形"筷子，经过改进，更能彰显"上粗下细首方足圆形"筷子的三大好处：

一、圆柱体筷容易滚动，而民间称之为"四楞筷"的首方足圆筷不会滚动，放在餐桌上，也显得很稳重。

二、四楞筷比圆柱筷更容易操纵。比如，吃拔丝类菜肴，方头筷握在手中，用力夹菜也不会打滑；吃面条也更加得心应手。

三、四楞筷为筷上题诗刻字雕花作画提供了良好的条件，可以单面刻、双面刻、四面刻，可以两筷相应拼组成画幅，还可以多筷排列组成更大的画幅，充分展示能工巧匠的技艺和"筷文化"。圆柱体筷难以表现绘画刻字等工艺效果，相形见绌。

这"三大好处"，为生产工艺筷奠定了基础。

所谓工艺筷，也称"礼品筷"。工艺筷制作精美，包装讲究，价格较高。比如，红木盒筷、玉筷，有的是红丝绒盒，有的是红木雕花盒，有的采用传统工艺螺细镶嵌红木盒。

工艺筷很少用于进餐。这倒不是因为它没有进餐功能、没有实用价值，而是因为工艺筷精美、华贵、价格高，人们也就舍不

得用其进餐。雕花象牙筷高达千元一双，除了收藏或作为礼品，一般家庭是不会用这种筷子扒饭夹菜的。

品相好、式样稀少的工艺筷，常被用作纪念筷。有人收藏参观中南海毛泽东故居丰泽园时买的"参观中南海纪念筷"，有人收藏参观人民大会堂时买的"人民大会堂纪念筷"。

纪念筷，具有纪念意义和文物价值。比如，我国在抗美援朝停战后，给凯旋回国的志愿军团以上干部每人发一双银筷或象牙筷，筷上铸有繁体字："反对美帝国主义侵略，保卫东方与世界和平"。

还有一些纪念筷，其实也是旅游筷。这种筷子在很多旅游景点都能见到，一般是纸盒包装，一盒十双，盒上印有景点名称。比如，河南的"少林寺塑料筷"、西安的"清华池盒筷"、上海的青浦大观园"宝黛筷"。

纪念筷，如能代代相传，也就成了未来的"古董筷"。

也值得一提的是"宾馆筷"。在上海和平饭店用餐，放在客人面前的筷子，全都是四楞乳白色的仿象牙筷——密胺筷，筷上印着红字："上海和平饭店"。这种筷子，只在这家饭店使用，绝不会"张冠李戴"。所以，人们叫它"宾馆筷"，也称"专用筷"，还是一种"广告筷"。

筷子是世界上最巧妙的餐具

著名文学家、翻译家、美食家梁实秋，在台湾出版了《雅舍小品》、《雅舍谈吃》等与吃有关的书，颇受读者欢迎，特别是厨师的书架上，时有所见。有一次，一位青年厨师手指《雅舍小品》中的《圆桌与筷子》，对笔者说："筷子是世界上最巧妙的餐具，这里写得最地道！"

由他"导读"，笔者看到了梁实秋笔下的"筷子妙论"：

"筷子是我们的一大发明，原始人吃东西用手抓，比不会用手抓的禽兽已经进步很多，而两根筷子则等于是手指的伸展，比猿猴使用树枝拨东西又进了一步。筷子运用起来可以灵活无比，能夹、能戳、能撮、能挑、能扒、能拿、能剥，凡是手指能做的动作，筷子都能。"

到底是文学家，梁实秋一连用了七个"能"，形象地写出筷子的特点，赞美筷子的功能。

诺贝尔奖得主、著名物理学家李政道博士，长期生活在美国，以刀叉进餐。可是，当说起筷子的时候，他充满自豪感："中华民族是优秀的民族，早在春秋战国时代就发明了筷子。"他还"三句话不离本行"，用物理学家的语言，说起筷子的"杠杆原理"，给予筷子极高的评价：

"如此简单的两根东西，却高妙绝伦地应用了物理上的杠杆原理。筷子是人类手指的延伸，手指能做的事，它都能做，且不怕热，不怕寒冷，真是高明极了。比较起来，西方人大概到十六七世纪才发明刀叉。但刀叉又如何能跟筷子相比呢？"

中国人以筷进餐少说也有 3000 年的历史。中国是筷子的发源地。中国是世界上"以筷助食"的母国。原来以手抓食的新加坡、马来西亚、印度尼西亚等国家，由于大批华侨以筷进餐，天长日久，当地居民受到影响，尝到"甜头"，也学会了"以筷助食"。

筷子是世界上最巧妙的餐具

筷子是我国古老的发明，这是世界公认的事实。那么，筷子到底起源于何时呢？直到目前，也还是只有"推论"，没有"定论"。

相传，在公元前 21 世纪的大禹时代，人们都在野外进餐。大禹治水，时间紧迫，兽肉开锅，急于进食，然后抓紧赶路治理洪水。可是，汤水沸腾，无法下手。大禹急中生智，折断树枝，插入锅里，夹出肉来。如此这般，筷子的雏形在大禹手中诞生了。

这个传说，说明筷子诞生于汤中取食。

《古史考》则提出筷子诞生于石板之上："神农时，民食谷，释米加烧石上而食之。"这种石板上的谷，要用树枝不停地拨动，拨来拨去，就"拨"出了筷子。

可以想见，大禹和神农时用的树技，有粗有细，有长有短，开始是单根，后来发展到夹肉时非用两根不可。专家认为，由单根的"拨"到两根的"夹"，至少要经过几百年的时间。因为古代人类头脑既简单又保守，所以人类祖先发明筷子的时间是漫长的。有学者撰文说："我国使用筷子的历史，可以追溯到夏代。"

古往今来，说起筷子，人们往往还会提及筷子谜语："兄弟双双，身子细长，只爱吃饭，不爱喝汤"；"两个娃娃一般高，从头到脚细又小。香饭好菜它先尝，吃不胖来长不高"；"小足圆圆头四方，进进出出总成双。日里人捉两三次，夜里罚它站天亮。"

通常，筷子所"站"的位置，或在餐厅，或在厨房。例外的是，蒙古族和满族有腰间挂筷子的风俗——筷子贴身"站"。

满族入关以前，腰上挂着刀，吃肉时，取刀割肉剔骨。入关以后，他们看到汉族以筷进餐，也感到用手抓食有欠文雅，有失皇家贵族的身份，于是采取一个新办法：在腰刀的鞘上添一个格，再开两个小孔，插上筷子。这样，就有了"刀筷"之说。

蒙古族男性也喜欢在腰间挂上刀筷，特别是放牧和骑马外出探亲访友时，更是刀筷不离身。在亲友宴请或野餐时，取出自己腰间的刀筷，用自备餐具用餐，能体现一种礼貌和文明。在蒙古族传统习俗中，如果结婚时穿民族服装，新郎必挂镶有珊瑚或玛瑙的刀筷。蒙古人的《敬酒歌》，也离不开刀筷，歌中唱道：

"是永不卷刃的刀，是带兽骨筷的刀，是刀筷合用的刀，是吉祥如意的刀……"

话说一次性筷子

自古以来可重复使用的筷子，约在 20 年前出现了一个"另类"：只可使用一次的筷子——一次性筷子，也称"卫生筷"。

一次性筷子诞生在日本。日本全民用筷进餐，用筷子人口仅次于中国。日本人称一次性筷子为"割箸"。20 世纪 80 年代，日本成立了一个"思考一次性筷子"的群众组织，他们四处宣传并发行会刊，呼吁人们养成自备筷子用餐的习惯，减少一次性筷子造成木材浪费，避免丢弃一次性筷子带来的环境污染。

就在日本对一次性筷子进行反思的 20 世纪 90 年代，正与世界接轨的中国接纳了一次性筷子，并快速地流行起来一次性筷子随处可见：饭店、大排档、火车、轮船、飞机、街道、垃圾场……

一次性筷子是怎么加工的呢？国家林业局曾就此进行过专门调查，结果显示：

种类：一次性筷子分为两类，一类是木筷，一类是竹筷。

产地：一次性木筷基本产于北方，重点产区是黑龙江、内蒙古两省区的大兴安岭林区，主要使用桦树、杨树；一次性竹筷主产区在南方。

加工过程：树木砍伐、切断、冲坯、冲洗、高温或紫外线消毒等十几道工序。

制作和使用一次性筷子，最初的目的是减少食源性疾病传播渠道。可是，在大量加工和使用一次性筷子的过程中，却出现了不少问题。比如，制作一次性筷子，木材耗量大；在加工、搬运、装箱、保管、出售等环节，一次性筷子受到污染，"卫生筷"并不卫生；大量丢弃的一次性筷子污染环境，等等。

拿"卫生筷"未必卫生来说，主要存在三个问题：一是材料质量不合格。加工一次性筷子的木材发霉，大量使用化学颜料和添加剂，用硫磺熏，用双氧水和硫酸钠浸泡、漂白，用化石粉抛光。这样加工出来的一次性筷子，虽然表面上又白又光，却埋下了健康隐患。因此，国家标准（GB1970.2—2005）规定了一次性筷子防潮防霉卫生标准：限定含水量小于10%，防霉剂含量不得超过10mg/kg。相关标准还规定，一次性筷子不得检出大肠菌群和致病菌；生产一次性筷子不允许使用硫磺、氧水漂白或滑石粉抛光。二是包装物不洁。一捆捆一次性筷子装入麻袋，存入民宅，放在地上，潮湿阴暗，尽管有的筷袋上注明"卫生筷"、"高级竹箸"、"紫外线消毒"等字样，但不洁的包装物给一次性筷子造成的污染，看不见，摸不着。有的一次性筷子"霉花"点点。三是裸露的一次性筷子，不仅遭受环境污染，还会在任人索取中形成交叉感染。

一次性筷子，里面也藏着很多"故事"。有人在使用一次性筷子时，不知不觉地卷入了饮食风险之中。谈论筷子，无论如何绕不开一次性筷子。这个"一次性"引起的争议，至今仍在继续……

笔者抄录了报刊上几个关于一次性筷子的标题：《既不卫生也不环保 更不节约 "卫生筷"何时告别兰州餐桌》、《卫生筷

"霉花"点点 "一次性"浪费多多》、《一次性筷子谁来管?》、《一次性筷子该"下岗"了》。

当然，也有专家指出：一次性筷子并没有那么可怕。国家林业局全国木材管理办公室经营管理处负责同志曾这样回答记者："目前我国用于生产一次性木筷子的木材，基本来源于'抚育伐'，就是通过砍伐过密幼树，为正常育林提供空间。一次性筷子是劳动密集型产业，能增加就业岗位，促进林区经济发展。一次性筷子还可以生产，重要的是做好保证质量的工作。"

在火车、轮船、飞机上吃盒饭，把两根连体的"双身筷"一掰，那真是"民以食为天，食以筷为助"，"酸甜苦辣咸，尽在两筷间"。 一次性筷子只要一掰开，几乎不会再重复使用，传播疾病的几率小——因为"一次性"而具有"卫生性"。

一次性筷子被"一次性"之后，仍为人们所关注——随处抛弃的一次性筷子，严重污染环境。有一本书中写道："全中国铁路沿线几乎都可以看到狼藉遍野的一次性筷子和快餐盒，简直就是一种'白色灾害'。长江、黄浦江，也都有大量漂浮的一次性筷子和快餐盒。"

已经不能作为厨具使用的一次性筷子，如何回收和利用，也成了问题。关于这个问题的报道，也时有所见：

日本一次性筷子回收率为99%，每回收30双，可以加工一张A4纸或一张明信片。

台湾人敖正奇，因收集一次性筷子而获得一个雅号——筷子敖。他把拣来的一次性筷子用盐水洗净，晒干，修剪成长短不等的小棒棒，用强力胶粘在三夹板上，上色，创作出立体感极强的艺术品：精美的字画、栩栩如生的花鸟禽兽、活灵活现的自然山水。

北京市宣武区椿树街成立的全国第一家居民"公共环境议事会"，用回收的一次性筷子加工纸，再用纸卷成铅笔。两年回收一次性筷子1000公斤，制成上万根"环保铅笔"。

在北京海洋馆广场举办的第四届"蓝色空间"雕塑展上，有一个近一米高的"豪宅"，用近万根废弃的一次性筷子搭建而成。

上述这些都在提醒人们：再也不要像处理垃圾那样对待一次性筷子了。

选一双适合自己的筷子

著名文学家、翻译家、美食家梁实秋的《雅舍小品》，讲了这样一个笑话：

一个中国人向外国人夸说中国伟大，圆餐桌的直径可以大到几乎一丈开外。

外国人问：那么你们的筷子有多长呢？

中国人答：六七尺长。

外国人又问：那么长的筷子，如何能夹起菜来送到自己嘴里呢？

中国人告诉他：我们最注重礼让，是用筷子夹菜给坐在对面的人吃的。

接下来，梁实秋讲起了餐桌上的那个大转盘……

笑话归笑话。在人们的饮食生活中，使用50厘米长的"特长筷"，倒是确有其事。民俗学者邓云乡回忆，20世纪30年代，每到秋冬季节，他在北京街头常看到用"特长筷"吃烤肉的情景：桌上架起一个铁炙子，下面烧松柴，食客手中的筷子有50厘米长，挟着牛羊肉，自酌自烤。铁炙子热气腾腾。为了避免烟熏火燎，食客只好使用特长的筷子，边烤边吃。这种吃法，在北京很有名。当年的烤肉名店"烤肉季"、"烤肉宛"，如今都成了名气更大的餐饮"老字号"。随着烹饪技术进步,使用"特长筷",已成了难得一见的"过去式"。

古往今来,筷子不断创新。有报道说,北京的一家筷子店,经营1000多种筷子,每月还要更新5~7种。那么,筷子种种,怎样选择一双适合自己的筷子呢?餐饮企业如何在备筷上也"投其所好"呢?筷子专家对餐桌上常用的筷子进行了分类,并分析了各自的特点和使用情况:

竹筷。竹筷没有特殊味道,不易弯曲,不易吸入细菌,价格便宜,是一般家庭首选的筷子。

木筷。木筷轻便,容易弯曲,不耐久。从卫生的角度看,木筷虽然便于清洗,但吸水性强,也容易将细菌和洗洁精等吸入筷子。

不锈钢筷。美观大方,耐腐蚀,不生锈,易清洗。不锈钢是由铁铬合金掺入镍、钼、锰等金属制成的,有的金属对人体有害,但只要不是长时间与盐、酱油、醋等接触,并无大碍。

骨筷。多用牛骨、象骨、鹿骨制成。中医认为,使用这种筷子,对人体有一定滋补作用,有益于保健,但因物稀价高,使用者很少。

银筷。体重,用起来不轻便,价格贵。传说银筷可以试毒,其实,并不完全可信。

筷子专家还建议,有些筷子,最好不用。常见的有两种:

花哨的筷子。筷子的花样越来越多。有的虽然好看,并不好用。那些花哨的筷子,使用不合格的材料,好看的外表包裹着劣质材料,会给健康带来危害。

漆筷。漆筷的漆,含有铅、铬、苯基等成分,对人体健康不利。漆筷不能使用过久。发现漆筷的油漆有脱落之兆,就应停止

使用，防止零星漆皮进入口中，有害人体健康。

筷子，不仅是餐具，还是烹饪活动中不可缺少的工具。

做鸡蛋汤。把鸡蛋敲开，倒入碗中，用筷子轻搅几下，即可把打散的蛋液倒入汤中，十分方便。

油炸食品。油条、麻花等油炸食品，在油锅里翻炸时，都需要用筷子。

拨鱼儿。面粉加水调匀，放入盘中。左手托盘，右手拿一根竹筷贴在盘边，对准沸滚的汤锅，利用竹筷的弹性，快速剔出两头尖、中间粗的面条儿，弹入锅中。入锅的面条，如一尾尾银鱼在水上游动，别有情趣，故称"拨鱼儿"。

水晶肴肉。猪蹄刮净毛，剖开去骨，用尖头筷在肉皮上戳出一排排小洞，再均匀地撒上盐、花椒等调味料。如果没有尖筷戳洞这道工序，调味料不能渗透肉中，菜肴也就不入味。

糖粥藕。藕，每节都有六七个小孔。把糯米塞进小孔，最好使用筷子一点一点地往里塞，直到把藕孔塞满。如果藕孔中缺少糯米，既不丰满，又缺少滋味。

搅丝瓜。丝瓜洗净，连皮蒸熟，割去瓜蒂，将筷子伸入瓜内搅拌，长长的瓜丝就会缠绕在筷子上，方便抽出瓜丝。瓜丝抽出后，用酱油、醋、麻油拌瓜，又香又脆。制作这道菜，因为用筷子一搅再搅，菜名也称"搅丝瓜"。

烹制整鱼。防止鱼腹外翻造成鱼肉破碎，保持成菜后鱼腹完整，有一个窍门：在不破鱼腹的情况下，将筷子插入鱼腮，在鱼腹中转搅数次后，用筷子将鱼内脏取出。这样烹调的鱼，鱼体丰润饱满，形态自然美观，卖相好。

筷笼·筷枕·筷袋·筷盒

筷笼，也叫"箸笼"、"筷筒"，是存放筷子的容器。箭有箭囊，刀有刀鞘，筷子也有自己的归宿，筷笼就是筷子的"居室"。

与筷子相比，人们对筷笼关注得不够，相关资料难得一见。

筷笼，不仅有实用价值，而且充满浓郁的饮食文化气息和民间工艺特色，也是一个多彩的世界。作为烹饪器具之一的筷笼，值得关注，值得收藏，值得研究，值得开发。

2010年秋，笔者来到北京报国寺文化市场，正赶上星期四的"大集"，人气很旺。寺里的大殿和古树之间，几乎都摆满了古物，多为民间器物，内中便有不同时期的筷笼。

陶筷笼。陶制的筷笼，古朴秀美，很能吸引眼球。笔者先后拿起3个陶筷笼，各有妙处不同：这个筷笼背部平整，上部有一个可以挂在墙壁上的小圆孔；那个筷笼背部呈半圆形，也有小圆孔，方便挂在圆柱上；第三个筷笼没有用于悬挂的圆孔，平底，便于平衡放在厨柜里或灶台上。收藏者介绍，这几个陶筷笼都是清末民初的，也就都是"半釉"：陶土制成泥胎后，正面上釉，背面和底部不上釉；有的正面上釉也不均匀，故意在边缘或下部留有一块陶胎。

瓷筷笼。瓷制筷笼，全部上釉，不露瓷胎，造型多，底部留有小孔，以便漏水。瓷筷笼价格比陶筷笼高一些。报国寺文化市

场的收藏者说，过去，富人家才用得起瓷筷笼，贫穷人家用陶筷笼、木筷笼。前几天，有个专门搞烹饪收藏的先生，从这里买去一个瓷筷笼，青花造型，上部翠绿碧晶，菜叶舒展自如；下部洁白雪嫩，是晶亮的菜梗。那筷笼往灶间一挂，青翠欲滴，能平添几分田园野趣。

砖筷笼。先用砖泥制成土坯，再入窑烧制，便成了砖筷笼。砖筷笼虽然"土"，却很讲究文采，雕花刻字，题材广泛，刀法也不拘一格。在报国寺文化市场，笔者看到两个砖筷笼：一个是"双鹤亮翅"，一个是"双鱼图"，都有浮雕作品，用粗犷的刀笔进行简练的雕刻，形象生动。

竹筷笼。这是江南人家就地取材制作的筷笼。锯上一个竹筒，挂在墙上或放在餐桌上，便可放入筷子。制作简单，方便适用。也有构思巧妙、精工细作的竹筷笼。有的用石缝里长出的扁形竹为原料；有的巧妙利用竹节阻隔的自然凸起部分；有的在竹筒之下巧制筒底。

木筷笼。用木板钉制的筷笼。制作木筷笼并不复杂。背面是一块像书本大的木板，两侧和底是4~5厘米宽的木条，再钉上比后板短1/3的前板即可。和陶筷笼、瓷筷笼相比，木筷笼不耐用，木底板常年接触湿筷子，容易长霉。

金属筷笼。用紫铜等金属材料制成的筷笼，较为珍贵，数量不多。

密塑筷笼。密塑是一种适合制作筷子和筷笼的塑料。密塑筷笼轻巧方便，价廉物美。从百姓家庭到餐饮企业，都能看到形状不一的密塑筷笼。在出售密塑筷笼的柜台前，能听到"筷笼评论"。有人说："密塑筷笼仅仅是一件'东西'，没有什么工艺价值可言。"有人对密塑筷笼造型提出批评："我最讨厌这种呆头呆脑的网状物。"

筷子讲究"配套"。除了上面提到的筷笼，还有筷枕、筷袋、筷盒。

筷枕。顾名思义，筷枕就是筷子的枕头。筷枕也称"筷架"、"筷搁"。它能提供一个置放筷子的地方，防止污染，还能产生一种用餐情趣。从美食离不开美器的角度来看，筷枕是"器"的一种，不应忽视。现在似乎只有规格高的宴会才能看到筷枕。筷子有其枕，应传承、普及和坚持下去。

筷袋。筷袋主要有两个作用：一是保持筷子清洁；二是筷袋上印有饭店名称，起到广告作用。据筷子收藏家蓝翔介绍，一位友人特意从美国给他带回一只印有"用筷示意图"的筷袋，不会用筷的外国人照图现学，能"立竿见影"。筷袋又有了学习用筷的功能。

筷盒。筷盒是我国传统工艺品，制作精细，价格较高，主要用于馈赠。筷盒一般分为三种：单双筷筷盒，多为抽拉槽式盒盖；两双筷筷盒，盒中开双槽，多用以赠送新婚夫妇；五双筷筷盒，多为翻盖。各种筷盒，通常都有吉祥语或有纪念意义的文字。

盆菜，是个菜名

菜名里的烹饪器具，随处可见：麻辣火锅的"锅"、大碗茶的"碗"、盆菜的"盆"……

且说"盆菜"这个菜名，顾名思义，盆菜就是装在盆里的菜。食用时，餐桌上没有盘装的菜、碟装的菜、盅装的菜、碗装的菜，一桌只此一盆菜，大家围盆而食，共享盆里丰盛的美味佳肴。

盆菜的原料，有荤有素，包容性强。一个菜盆里，荟萃"百菜百味"。比如，主料中的猪、鸡、鸭、鱼、虾、参、翅、肚、腐竹、冬菇、萝卜；配料中的鱿鱼、猪皮、腐竹、萝卜；调料中的油、盐、酱、醋、花椒、鸡精。餐饮专家称，看似有些粗糙的盆菜，制作过程却是十分讲究的。

盆菜的制作，技法多样，强调火候。不同食材经过煎、炸、烧、煮、焖、卤等多种烹饪技法加工之后，一层一层地摆放到盆里。往盆里摆放菜肴，要遵循固定的摆放顺序：上层摆放名贵的或先吃的，最下层摆放容易吸收汁液的。这样一来，上层的菜肴很名贵，下层的菜肴很鲜美。一盆菜肴，从上到下，都受人喜欢。

盆菜的吃法，灵活随意，寓意团圆。大家围桌而坐，团团圆圆，同吃桌上的一盆菜。从上到下，一层一层吃下去，层层深入。有时，也会在盆中翻找自己喜欢的菜肴，有人夹走上层的名菜，有人掏来盆底的鲜美，各取所需，情趣盎然。

古时的盆菜，是地道的乡土风味。盆是木盆，燃料是柴禾，制作是土法，工序繁杂，工作量大，需要很多人分工合作，甚至要有三天的预备时间。

第一天，上山砍柴。古时没有煤气、电，只能以柴禾为燃料。制作盆菜必须备足柴禾，保证原料加热的需要。在最早流行盆菜的南方，人们更愿意在荔枝园附近制作盆菜，因为荔枝树的火力更为强劲。民谚说，"你有牛白腩，我有荔枝柴。"如今，一些地方制作盆菜，如果不是数量很大，仍特意使用木柴，认为此番"火中取宝"，更能获得盆菜的纯正风味。

第二天，采购原料。古时没有冰箱、冰柜等保鲜、冷冻设备，制作盆菜要采购充足的新鲜原料。人们强调原料新鲜，除了保证菜肴质量，还有一个原因：传统盆菜用于祭祀和喜庆宴席，如不使用新鲜原料，会被认为是对上天神灵、对祖宗、对乡亲的不敬。所以，都舍得在采购原料上花费金钱和时间，确保质量上乘、数量充足。

第三天，精烹细调。制作盆菜的厨师，要起大早开始一天的忙碌，施展多种烹饪技法，精烹细调。有些原料，需要小火靓汤慢慢熬。以猪肉为例，要出水，要出油，要入味，很是考验厨师的控火能力和耐性。盆菜里的猪肉，要"火候足时它始美"，不肥不腻，入口软滑浓香。

古往今来，盆菜的原料、器具、燃料、制法，都发生了很大变化。比如，盆菜的盆，现已基本不使用木盆了。木盆，一是笨重，二是不易清洗干净、不易存放、不易添置和维修，逐渐被其他材质的盆代替。日前，有朋友提及天地之间（北京）酒店用品有限公司，说那里简直是无所不有的"锅碗碗瓢盆大世界"。于

是，我们一同前往，果然看到了好多可以代替木盆制作盆菜的盆：铜盆、不锈钢盆、塑料盆、瓦盆、铝盆、锡箔纸盆……

盆菜，既有节约餐具的特点，又有美好的寓意："十全十美"、"食全食美"、"美美满满"、"团团圆圆"、"盆满钵满，生意兴隆"。盆菜的菜名寓意，凸显了菜名里面有文化。

盆菜，风味浓郁

大盆菜，又是个菜名

盆菜，是个菜名；大盆菜，又是个菜名。两个菜名的区别，不仅仅是菜盆的大与小，就连它们的来历也各不相同。

盆菜来自民间聚餐。最初的盆菜来自南方山区的客家人。逢年过节，人们带上自备的食物相聚，因为山路崎岖，行走时间长，相聚时食物已变凉，便将各自带来的食物倒入盆里加热，由此有了盆菜的雏形。现在客家人仍流行以盆菜的形式聚餐。

大盆菜的来历，与南宋皇帝有关。南宋皇帝在元兵的穷追之下，辗转逃到一个村庄，当地村民找不到足够数量的盘、碗、碟，便以大木盆代替，盛装最好的菜肴，盛情招待落难的皇帝。此后，村民为了纪念这一历史事件，每逢年初，都从家里拿来各种食物，倒入盆里，大家共享，久而久之，便形成了吃大盆菜的饮食习俗。

皇帝吃过的大盆菜，后来也成了村民婚庆、添丁、孩子满月等喜庆日子招待亲朋好友的菜肴，又发展成为独特的宴席——大盆菜宴。有报道称，2002 年 2 月 23 日（农历正月十二），是大盆菜发展上值得纪念的一个日子。这一天，在深圳下沙村举办的大盆菜宴，设宴 3800 多席，用餐者来自福建、江西、河南、海南、广东、香港、澳门、台湾等地，还有来自美国、英国、荷兰、新加坡、泰国、马来西亚等 12 个国家的侨胞，共计 4 万多人。这盛

况空前的大盆宴，吸引了上海吉尼斯世界纪录中国总部的关注，他们当场为主办者颁发证书："最大规模民间宴会——大盆菜宴"。

大盆菜宴，"一席仅一盆"，未曾亲赴此宴的人，可能会疑问，这是不是简单了点儿？其实，此宴虽"只此一盆"，而食材之丰富，制作之精细，口味之讲究，却常常使盘碟相加的宴席相形见绌。曾有记者亲眼目睹并记录了深圳一个村庄大盆菜宴的制作过程：

原料：鱿鱼、门鳝干、猪肉、蚝、鲜鳝鱼、鸭肉香芋、蘑菇、腐竹、油豆腐、木耳、芹菜、猪肉皮……共计 15 种。

调料：姜、葱、蒜、南乳、炸粉、大小茴、生抽、糖、蚝油、猪油、花生油……共计 15 种。

制法：煎、炸、烧、煮、焖……也有十种以上。

一般来说，有了"原料、调料、制法"，就算完成了菜谱表达，可大盆菜宴的菜谱，并未到此结束，还需上演最具大盆菜特点的一幕——装盆。

装盆：最先放入萝卜，用其铺底，然后是香芋、蘑菇、腐竹等素菜，此为下层；接着放入南乳鸭、猪肉、门鳝干等，此为中层；最后放入炸门鳝、九节虾、鲮鱼球等，此为上层。这番层层叠叠的装盆之后，上层海鲜、鸡鸭等肉汁向下渗入中层，与中层的猪肉、门鳝等肉汁汇合，一并渗入下层。于是，在大盆菜菜谱的"菜名、原料、调料、制法、装盆"之后，往往还要特意标明"特点"：荤素交融，多料一体，多种质感，多味纷呈。

大盆菜大受欢迎，离不开菜肴质量的优势，也与菜名中的"大"有关。提起"大盆菜"这个菜名，就会让人联系想到"大制作"、"大规模"、"大气势"。各类媒体对大盆菜的报道接连不断。下面摘录 2013 年 1 至 2 月大盆菜的三条消息：

《东方早报》报道：1 月 25 日，上海裕景大饭店推出大盆菜，盆中荟萃了鲍鱼、猪婆参、蚝豉、日本瑶柱脯、鸽蛋、烧肉、鸡、进口鹅掌、墨鱼丸、虾仁等十几种食材，颇有将世间美食尽纳一盆之气势。

《羊城晚报》报道：1 月 26 日，在调查酒楼食肆的大盆菜时发现，他们经营此菜，各有说辞：中低档饭店说它"物美价廉"，高档饭店称其"食界宠儿"。但是，有一点是他们共同强调的：盆菜突出"大家庭"、"大聚会"、"大帮朋友"的亲情。

大洋网报道：2 月 1 日至 3 日，广州开发区、萝岗区为 2013 年留区过春节的异地务工人员举办"千人包饺子、万人品大盆菜"活动，连续三天，每天一场，每场有异地务工的 3000 人在此用餐。

细心的读者会发现，三条消息都来自南方。这也事出有因，大盆菜起源于南方。如今，大盆菜的流行风，正由南向北，日趋强劲。

盆糕，也称"盆儿糕"

盆糕，也称"盆儿糕"，还是一个以盆命名的菜名。探究这个菜名的名堂，可分两步进行，谈盆论糕，各表一枝。

谈盆，笔者不能不求助于工具书。盆，《现代汉语词典》的解释是："盛东西或洗东西用的器具，口大，底小，多为圆形。"《中国烹饪辞典》的解释更为具体，也更着重于烹饪器具中的盆："比盘较深的敞口盛器，用途广泛。比如，菜盆、面盆、澡盆、花盆等。质地有陶、瓷、铜、铁、铝、搪瓷等。形状多变，大小不一，为日常生活用品之一，也是烹饪器具。"作为烹饪器具，盆有炊具和餐具的双重功能：用于盛装和处理原料的炊事用具，比如，盛物盆、洗菜盆、和面盆；用于和食物同时上桌的餐具，比如，盆菜、大盆菜、盆糕。林林总总的烹饪器具，人们都以"锅碗瓢盆"简称，便可证明"盆"在烹饪器具中地位之高，作用之大。

说糕，盆糕里的糕，不同于笼屉上的蒸糕、烤箱里的蛋糕，而是和盆菜里的菜如出一辙：盆糕不是单一原料，而且层次分明面白枣红，糯软耐嚼，味道香甜，枣香浓郁，是北京著名风味小吃。

地道的老北京盆糕，如今已难得一见。有人还为此赋诗一首："寒冬腊月雪花飘，门内青烟唤盆糕。旧京美食实难忘，不知今日何处销。"只见菜名不见糕，人们呼唤加强传统美食的挖掘，让那些久违的美食重返餐桌。笔者研究盆糕这个菜名时，在一本并非烹饪专业书上，查阅到老北京摊贩制售盆糕的情形：

"过去卖盆糕的摊贩，在家就事先准备好了制作盆糕用的原料：把枣蒸熟，把芸豆煮熟，再带上湿米面（最好是用江米或黄米浸泡后磨出的湿面），然后生一个煤炉，推着小车就上市了。制作盆糕时，在瓦盆内先铺一层枣，然后均匀地撒上一层湿米面，再铺一层芸豆，再撒一层湿面，最上面撒一些桂花。锅里放水，端到煤炉上，然后把盆架在锅内，用旺火把糕蒸熟，将盆反扣，倒出糕，从糕中间切一刀，切成半月的形状，摞起来，盖上湿布，浇上凉水，用手摁一下，就可以卖了。现卖现切。"

这段文字，向读者展示了一幅老北京制售盆糕的风情画。

著名史学家、方志学家张次溪也曾在他的《天桥小吃》里写过盆糕："天桥的盆糕用豌豆制作，原因是豌豆较易得味，惟因价值较贵关系，颇有以黄豆代替豌豆者。无论豌豆、黄豆，均富有滋味和营养，所以此项零食，最易受人欢迎。至于用盆糕替代午、晚两餐一类人家，多系从街头浮摊购买回家，切成碎块，用香油炸得，外加白糖，因售价较廉，比之自煮米饭面食，便宜省事，是为盆糕易于畅销之主因也。"

盆糕与切糕，虽然同属粘食小吃，但配料、形状、制作工艺都有所不同。据《顺天府志》记载，盆糕实属满族食品，旧时野外打仗的军队为了便捷，用铜盆蒸制一盆用江米为主的饭食，便于分配及食用。后来流于民间，演变成盆糕，又成为地方小吃的一种。

说来有趣，韩国也有出自盆里的糕，称为"花盆蛋糕"。从外观上看，这花盆蛋糕的造型跟真盆真土真花无异。黑色的土壤，

是用巧克力粉和奥利奥饼干碎末代替的；蛋糕的质感既像冰淇淋，又像布丁；最底层是松软的海绵蛋糕。据说，韩国这家经营花盆蛋糕的小店，店面不大，地点也不好找，却吸引不少游客慕名而去。一来二去，又有人在"花盆蛋糕"的名字上打主意，改称"盆栽蛋糕"。

冰 箱 种 种

冰箱，是一种使食物或其他物品保持冷态的储藏箱。箱内有压缩机、制冰机等用以结冰的制冷装置。如今，不论饭店规模大小，为了烹饪原料的妥善储藏和延长使用时间，冰箱成了必备之物。提起厨具的多种多样，人们常说：小到一个汤匙，大到一个冰箱。

冰箱确实是厨具中的一个"大件"，种类也比较多。比如，以放置方式和外形分类，可分为6类：台式冰箱、卧式冰箱、立式冰箱、手提式冰箱、壁式冰箱、嵌入式冰箱；按冰箱的门型分类，有单门冰箱、双门冰箱、三门冰箱、多门冰箱；按制冷原理分类，有压缩式冰箱、吸收式冰箱、半导式冰箱。目前，常用的冰箱分类方法，有三种：

一、按用途分类

冷藏冰箱，又称"单门冰箱"。主要用于冷藏食品。蒸发器与冷藏室之间不隔热，但可在蒸发器围成的冷冻室内制取少量冰块。冷藏冰箱的温度在0℃~10℃。

冷藏冷冻冰箱，又称"双门冰箱"、"三门冰箱"。冷藏室与冷冻室之间隔热。冷藏室温度为-2℃~8℃；冷冻室温度为-12℃

~-18℃。

冷冻冰箱。这是专门用来冷冻食品的冰箱,箱内温度在-18℃以下。

二、按冷却方式分类

直冷式冰箱,又称"有霜冰箱"。冷冻室直接由蒸发器围成,蒸发器直接从食品中吸收热量。这类冰箱,结构简单,价格低,耗电量小,冷冻室易结霜,需要人工除霜。

间冷式冰箱,又称"无霜冰箱"。冷冻室和冷藏室都不结霜。霜集中在蒸发器表面,有全自动化霜系统,能自动除霜。这类冰箱,结构复杂,价格高,耗电量大,降温速度快,制冻效果好。

三、按温度等级分类

温度等级,指冷冻室内所能达到的冷冻贮存温度级别,国家标准用"＊"表示,贴在冷冻室门(或盖)的前方,以星级规定的内容,详见下表:

星级表示的温度等级

星 级	符 号	冷冻室温度(℃)	冷冻食品保存时间
一星级	＊	-6℃	1 星期
二星级	＊＊	-12℃	1 个月
高二星级	＊＊	-15℃	1.8 个月
三星级	＊＊＊	-18℃	3 个月
速冷三星级	＊＊＊＊	-180℃ 以下	3 个月以上

随着冰箱生产技术的不断提高，技术革新成果频出：由定频冰箱到变频冰箱，由有氟冰箱到无氟冰箱，由有霜冰箱到无霜冰箱。

变频冰箱与定频冰箱相比，变频冰箱最显著的优势，是提高制冷效率，省电节能。在快速制冷的同时，将温度波动范围控制在较小的范围，从而取得更好的保鲜效果。

无氟冰箱与有氟冰箱相比，无氟冰箱制冷剂充注量较少，压缩机功耗小，在同等功率压缩机制冷过程中，无氟冰箱利用率高，省电，更有利于环境保护。

无霜冰箱与有霜冰箱相比，无霜冰箱能自动除霜，给消费者省去了清理冰箱的时间，而且冰箱内的温度波动极少，比直冷冰箱干净清爽。

种类多样化的冰箱，在结构上并没有大的差异，分为三个部分：箱体系统、制冷系统、电路系统。

箱体系统。由外壳、内胆、隔热材料、磁性门封等组成。

制冷系统。由压缩机、冷凝器、干燥过滤器、毛细管蒸发器等组成。

电路系统。由压缩机中的单项电动机、温度控制器、启动继电器、过流过热保护器等组成。

对冰箱有了基本了解之后，就可以根据需要进行选购了。选购冰箱的注意事项，主要是进行两个方面的检查：通电前的外观检查，通电检查。

通电前的外观检查：箱体、门框是否有碰伤，门封与箱体是否处处紧密贴合；冷冻室、冷藏室均无裂缝或起皱；温度控制器旋转灵活。

上述检查合格后，将温控器置于 OFF 处，插上电源，进行通电检查：开启箱门，箱内照明灯亮。当闭合箱门时，门离箱体门框 1 厘米左右，箱内照明灯灭。这说明箱内照明电路正常；将温度控制器旋纽旋离 OFF 时，压缩机一次性启动，压缩机运行声音很小。在商店里听不到运行声时，可用手感判断；运行几分钟后，用手摸冷凝器，有热感。运行 10 分钟左右，用手摸压缩机的回气管，有明显冷感。如无冷感，说明制冷效果差。如有霜层，说明制冷剂加得过多，会使冰箱耗电量增大，制冷效果反而不好；运行约 30 分钟左右，蒸发器表面结有一层均匀的薄霜。说明制冷效果良好；运行 45 分钟左右，冰箱自动停机，再打开箱门一段时间，压缩机再自行启动。说明控温器正常。

冰箱≠食品"保险箱"

冰箱使用及冰箱以外的制冷设备

选好冰箱之后，搬运冰箱、放置冰箱、使用冰箱，也都不可马虎从事，仍需要处处细心。

搬运冰箱时，应注意轻拿轻放。因为冰箱内的压缩机是用 3 个平衡弹簧支撑的，过分倾斜，可能使平衡弹簧受力不均而变形，也可能使弹簧脱钩，还可能使润滑油流入制冷系统，造成故障。所以，在搬运冰箱时，不能倾斜超过 30°，更不能倒放。

轻拿轻放的冰箱，最后放置在什么地方呢？这也同样需要细心：存放冰箱的地点，必须具备良好的散热条件：一是空气流通；二是阴凉干燥；三是无日照；四是冷凝器离墙 10 厘米以上；五是冰箱顶部空间在 30 厘米以上。冰箱放得平稳，能减少噪声。

冰箱没有自动除霜功能，应注意及时除霜。因为蒸发器表面结成的一层霜，阻碍热交换，降低制冷效果，增大冰箱耗电量。

冰箱里严禁存放易挥发、易燃烧的气体、液体，以防止泄漏后达到一定浓度，遇到温控开关启闭发生的电火花时引起爆炸。

冰箱里存放的食品，不能过满、过挤，并要尽量减少开门次数。

可见，如何使用冰箱，有不可不知的不少生活常识。那么，冰箱里的食品管理呢？有人提出"借用档案管理的技巧"，这是一

个不错的建议。

蔬菜水果放在底下，生鲜肉品放在上面。其余区域，则可按照各自的使用习惯安排。尽量把同一类食品放在固定的区域，这样比较容易找到要找的东西。

多用保鲜盒，可以让冰箱的空间"格式化"，一目了然，减少死角，食物的味道也不易混杂。

剩饭剩菜，都要有固定的区域，最好放在一打开冰箱就容易看到的地方。

冷冻室最容易成为"仓库"，每次买的东西都堆在前面，被挤到后面的一小块肉、几颗鱼丸，"永不见天日"，甚至根本忘记里头有什么。所以，冷冻室除了横向分区，让肉类、蔬菜、冷库食品、冰品各据一方，也要注意前后的管理。把新的食物往后放，旧的食物往前移，以方便循环。

剩饭剩菜，适合放在冰箱上层；蔬菜、水果适合放在冰箱下层；排酸冷藏肉、半化冻的鱼、海产品类食品，放在保鲜盒里存放，避免交叉污染。

蔬菜先进行清洗，洗去表面的尘土、农药残留，挑拣出腐叶残茎。叶上根下置入清水之中，让菜根吸收水分，直立也可减少因挤压而受损。然后把蔬菜沥干，用保鲜盒装好，放入冰箱。这样存放蔬菜，也方便使用。

新买来的肉，用清水稍加冲洗，再用纸巾轻拭后，装入密封的保鲜袋冷藏，能减少肉的鲜味流失。

冰箱里难免残留一些食物的渣子或汤汁，极易滋生耐冷微生物。应每周擦一次冰箱内壁、搁板，清理各种瓶瓶罐罐。每月至少清空一次冰箱，擦净内部。用消毒液定期杀菌。冰箱表面和门上的密封条，可用专用的消毒巾、稀释的白醋或70%的酒精擦洗，再用干净的抹布擦干。平时，冰箱里放入吸味剂或茶，能吸收异味。

就餐饮企业和家庭而言，冰箱是大量使用制冷设备。除此之外，还有冷柜、冷库、制冰机、冷饮机、冰淇淋机等。拥有这些制冷设备，能有效地冷藏食品原料、加工冷食。

冷柜。也称"冷藏箱"、"厨房冰箱"。冷柜的制冷循环系统、电气系统、温度控制系统等，都与冰箱基本相同。

小型冷库。有固定式和活动式两种结构。固定式小型冷库，压缩机、冷凝器、蒸发器、膨胀阀等设备，均由专业生产厂家提供，冷库的墙、地板和库顶等，由用户方按照说明书建造，均有防温防潮层。活动式小型冷库，也叫"可拆式冷库"、"拼装式冷库"，全部设备由专业生产厂家提供，在现有室内坚实的地基上建成。

制冰机。也叫"冰块机"，是一种专门生产食用冰块的制冷设备，由制冷系统和供水制冷系统两部分组成。制冷系统是制冰机的冷源；供水制冰系统由微型水泵、喷嘴、水槽、储冰槽等组成。

冷饮机。是专门用于制作冷饮的设备，制冷系统与压缩式冰箱相同。目前市场上常见的冷饮机，为喷泉式结构，能冷冻啤酒、牛奶、咖啡、矿泉水、果汁、可口可乐等，清洁卫生，清凉可口，是夏季防暑降温的理想设备。

冰淇淋机。由制冷机组、搅拌器、硬化箱等组成。

冰箱≠食品"保险箱"

在饭店和家庭，都有这样的情形：冰箱成了食品"保险箱"，不管生食还是熟食，也不管蔬菜瓜果还是肉类蛋类，全部往冰箱里塞，以为只要"挤进去"，就没问题了。其实，冰箱≠食品"保险箱"。人们对冰箱的认识，存在三个误区：

一、误以为冰箱能消毒杀菌

冰箱是一种用于保鲜、冷藏的厨具，并不能消毒灭菌。

在10℃以下的冰箱内，沙门氏菌、大肠杆菌等几十种细菌，非但没有死亡，而且继续滋生繁衍。在这样的环境之下，含有糖、奶、淀粉等物质的食品，一旦与鱼、肉等熟食混杂，就会变成细菌繁殖的温床，从而形成交叉感染。

在低温的情况下，冰箱也只是暂时地抑制了细菌的生长繁殖。特别值得一提的是，有一种"嗜冷菌"，可在0℃~-20℃的环境中生长。吃下被细菌污染的食物，就会危及人体健康。

二、误以为什么食品都可以放入冰箱

从食品卫生和食品安全的角度来看，有些食品放入冰箱，是多此一举，甚至适得其反。

剩饭剩菜，不能带热气放入冰箱。热食物突然进入低温环境，食物容易发生质变，热气还会引起蒸汽凝结，促使霉菌生长，从而"株连"整个冰箱内食物的霉变。所以，只有凉透的剩饭剩菜，才能放入冰箱。

罐头，是经过高温灭菌制成的食品，适合在常温下保存，不必放入冰箱。

袋装牛奶、盒装牛奶、瓶装牛奶，枕袋牛奶，只要是消毒奶，就没有必要放入冰箱。放在冻箱里的牛奶，因其所含脂肪球破损、蛋白质变性、乳清分离，影响牛奶天然的口感和风味，得不偿失。经过灭菌处理的罐装饮料，也不宜放入冰箱。

酱、咸菜，都含有大量盐分，盐本身具有保鲜防腐作用，也就没有必要放入冰箱。

芝麻酱等富含油脂的食品，一次性吃不完，需要存放较长时间，放在密封的瓶子里，存放于冷藏室，能更大限度地保持其品质。

水分特别少的牛肉干、奶粉，也没有必要放入冰箱。

萝卜、蕃薯、马铃薯等根茎类蔬菜，放在有孔隙的篮子里，保持通风良好、外表干燥即可，不必放在冰箱里占用空间。

三、误以为冰箱里的食品都安全

食品在冰箱里冷冻，不会腐败的原因，是微生物在低温下无法增殖。但是，这并不意味着低温下不能发生化学反应。食品化学研究证明，温度在零下时，食物仍然发生化学反应，特别是风味的损失和维生素的损失。更麻烦的是，虽然温度低，但脂肪仍在发生氧化，风味渐失，甚至产生"哈喇味"。所以，无论什么食品，都不要在冰箱里久存。

速冻食品包装上说明，在-18℃可保存 3 个月。这里有两种情

况：如果出厂后一直保持-18℃，那么 3 个月内可以放心食用；如果出厂后没有一直保持-18℃，就不能保证 3 个月内没有出现质量下降。速冻食品在超市冰柜里存放时，柜口敞开，人们翻来翻去，温度不可能一直保持在-18℃。而且，从冷柜中取出的速冻食品，环境温度高，放入冰箱后，也很难恒定在-18℃。在这样的冷冻条件下，或者仍有细菌繁殖，或者食品的口感、风味慢慢变化，脂肪缓慢氧化，维生素也缓慢分解，虽然保质期内没有变质，但也会影响风味。

冰箱≠食品"保险箱"，就需要掌握冰箱存放食品的最佳存放期。北京《新京报》为此曾刊登一个表格，照录如下：

冰箱食品最佳存放期

食品种类	最佳存放期
鸡肉	冷藏 2～3 天,冷冻 3 个月
牛肉	冷藏 1～2 天,冷冻 3 个月
鱼类	冷藏 1～3 天,冷冻 3 个月～6 个月
香肠	冷藏 2～3 天,冷冻 2 个月
面包	冷藏 3～6 天,冷冻 2～3 个月
罐头食品(未打开)	冷藏 1 年
苹果	冷藏 1～3 周
柑橘	冷藏 1 周
胡萝卜、芹菜	冷藏 1～2 周
菠菜	冷藏 3～5 天
鸡蛋	鲜蛋冷藏 1～2 个月,熟蛋冷藏 7 天
牛奶、酸奶	冷藏 5 天
花生酱	冷藏 3 个月

　　讨论"冰箱≠食品'保险箱'",也有必要追溯一下冰箱的由来,以进一步证明,冰箱只具有保鲜和冷冻功能,而不是其他。

　　人类很早就掌握了冷冻食品的方法。据史书记载,3000多年前的周代,我国就已经有了"冰窟"。冬天,人们把冰藏在里面,夏天取出来使用。渔民夏天出海捕鱼时,带上冬天贮藏的冰块,用以冷藏捕捞的鱼,这样的捕捞船,被称为"冰鲜船"。

　　后来,人们把冰放在容器或柜子里,出现了用于冷藏食品的"存冰箱"——现代冰箱的萌芽。

　　1820年,人工制冰试验首次获得成功。1830年,美国一位名叫雅可布·帕巾斯的工程师,制成第一台压缩式制冷技术的冰箱。1913年,美国芝加哥生产的"多美乐"牌电冰箱,成为世界上第一台家用冰箱。

　　进入21世纪,中国已成为冰箱生产大国、冰箱消费大国和冰箱出口大国,走上了冰箱强国之路。以海尔冰箱为例,2010年11月30日,《中国商报》的报道,"海尔冰箱能够被全球模仿,说明它已经实现了领先行业一个设计周期,而这种在设计创新上的绝对优势也为海尔冰箱在全球市场业绩突出奠定了基础。"该报道还说,"2010年9月7日,海尔第1亿台冰箱产品在意大利生产线下线。至此,海尔冰箱实现了全球销量过亿的突破,成为引领世界冰箱潮流的中国力量。"

　　在中国,曾有这样的说法:20世纪以前,用冰箱保存食物是不可想象的;20世纪以后,没有冰箱的生活是不可想象的。

饮食器具也是文化载体

2012年盛夏，在秦皇岛市的一个会议餐厅里，主宾席上是一位女士，她一直等到同桌用餐的同志到齐，说了几句"开场白"，喝了几口矿泉水，便起身告辞。原来，她是带病参会，进食困难，出于对"同吃一桌饭"的尊重，坚持来到餐桌前。如此注重饮食礼仪的她，曾担任一本书的总策划，这本书的书名，就是她爷爷的名字——马骏。马骏是革命烈士。由中共党史出版社出版的《马骏》一书，收入马骏的遗物照片。其中，有不少烹饪器具图片。这些烹饪器具都与马骏有关。如今，马骏把烹饪器具留给了《马骏》。

此前不久，我参加在北京举办的第四届中国国际穆斯林企业高峰论坛时，获赠一个资料袋，内中便有这部大12开本的《马骏》一书。我粗略地翻了翻，硬纸板封面，大气、庄重、精致、图文并茂，留下很深印象，尚未来得及仔细阅读。在秦皇岛的这个餐桌前，人们从刚刚离席的名人之后马丽颖谈起，谈到了《马骏》这本书……，听到不少关于这本书的议论，更调动了我的阅读兴趣。

马骏，在这个名字的前面，缀有多个"第一"、"之一"：吉林省第一个共产党员、中共北京市委第一任书记、东北地区第一个党小组创始人之一……

他 1895 年出生于吉林省宁安县（今黑龙江省宁安市）的一个回族家庭，1921 年加入中国共产党，1928 年在中国人民解放斗争中英勇牺牲。马骏牺牲后，回族群众冒着生命危险，把他安葬在北京朝阳区门外南下坡（今日坛公园内）。1951 年、1987 年两次重修马骏墓，郭沫若、邓颖超先后为马骏墓题写碑文；1995 年马骏烈士墓被确定为爱国主义教育基地；2005 年出版的《马骏》，是进行爱国主义教育的一本好书。

《马骏》成了这个餐桌上的重要谈资。用餐者都看过这本书。此时，"你方唱罢我登场"，争相谈起"读后感"。有人端着饭碗说事，有人举起筷子发言，谈及《马骏》中的马骏遗物图片：碗、餐叉、茶壶……

这些饮食器具，已成为一种文化的载体。作为从事饮食文化研究的读者，我在这次会议之后，很快打开了《马骏》这本书，记录下书中的饮食器具及其背后的故事……

清代元和盛火磨遗址。当年的"元和盛"和"增兴福"，都是马骏父亲马喜贵创建的，从事食品加工。马喜贵是个很有创业能力的人，他还曾创办清真学校。1920 年，他亲自从东北来到天津，营救被捕的马骏、周恩来等爱国学生。1925 年，因支持马骏从事革命活动，马喜贵被敌人所害。2002 年，宁安市将元和盛火磨遗址确定为市级文物保护单位。

马骏母亲留给他一个蓝瓷碗。从图片上看，这是一只大号的碗，花朵、花叶、花枝，繁茂艳丽，色彩鲜明，瓷质细腻。回族曾为我国陶瓷业做出杰出贡献，他们引进阿拉伯国家的陶瓷色料、式样、装饰、工艺，开展瓷器贸易，提倡瓷器收藏。母亲留给马骏的蓝瓷碗，不只是留下了先人用过的餐具，更是留下了对物对

人对历史的一种心境。

马骏用过的餐叉。餐叉是能辅助食用者把食物送入口中，也能在烹饪或切割食物时抓住食物，免得食物移动。马骏用过的这个餐叉，一端是握柄，另一端有四条分支，用来插入或盛住食物。马骏1915年进入天津南开学校读书，1922年返回东北从事革命活动时曾使用这把餐叉。书中还收入了马骏1923年在哈尔滨创办《哈尔滨晨光报》的报社旧址、1924年在吉林毓文中学开展革命活动的旧址。这些旧址与旧时的餐叉，都给人以"睹物思人"的诸多联想。

马骏演讲时用过的茶壶。图片上的茶壶，是马骏在吉林五卅运动中演讲时用过的。这是一个鼓形茶壶，纯白颜色，壶身肥硕，壶嘴粗敦，壶把高大，给人以端正浑厚的感觉。作为五四运动时期的著名活动家，马骏可不是"茶壶里煮饺子——有嘴倒（道）不出"，邓颖超曾这样赞扬马骏："马骏不得了，登高一呼，万众相随。"马骏的孙女马丽颖——本文开头提到的那位女士，常听奶奶说起爷爷："他是个思想活跃、口才敏捷的人，因为与周恩来志趣相投，他们成为亲密战友和朋友。"

餐具上的清真特色

早在新石器时代，黄河流域的仰韶文化就有了"饮食三具"：饮具、食具和盛具。这如同当今《现代汉语词典》对"餐具"的解释："吃饭的用具，如碗、筷、羹匙等。"古往今来，餐具与肴馔相伴，发生了很多故事，书写着饮食文化。有一次，笔者在河北省唐山新月穆斯林瓷厂看到了另一番景象：各类穆斯林瓷器，饰有精美的阿拉伯经文、字画、风情画，图文并茂，以浓郁的伊斯兰文化，向人们展示餐具上的清真特色。

这是一家只有 9 名员工的小工厂，在一位 74 岁老人领导下，生产专供穆斯林使用的餐具。这位老人名唤洪贵孚，是一位虔诚的穆斯林，大学文化，在一所学校一直工作到退休，也一直没有离开陶瓷。他头戴礼拜帽，身高一米八，体重一百八，朴实憨厚，愿意与人讲述他办厂的事。那是 1989 年，已过"天命"之年的洪贵孚突发奇想：我国有回族、维吾尔族、哈萨克族等 10 个少数民族信仰伊斯兰教，有诸多饮食禁忌，形成了独树一帜的清真饮食文化，让这种文化在餐具上体现出来，不是不可能，不是不可行。于是，他创办了唐山新月穆斯林瓷厂，在普通餐具上绘制阿拉伯经文、字画、风情画，以餐具为载体，弘扬清真饮食文化。

产品试制出来以后，在销售环节上，却没有他想象的那么乐

观。

他背上加工好的碗碟,挤上长途公共汽车,来到北京一家穆斯林用品专卖店寻求合作。他压低了声音,用"求援"的口气说:"我这有穆斯林专用餐具,能不能帮助代卖一下?"对方听清了,却故意反问:"什么?"他又重复一遍。对方不屑一顾地说:"没听说过。放这试试吧。"

他又背起沉重的陶瓷制品,登上开往大西北的火车,没有座位,就一直在火车过道上站着,一直在想自己的心事:想在西北地区的穆斯林用品展览会上给产品打开销路。可是,那个展览会上也没有人见过这样的碗碟,被视为"另类",又遭冷遇。'

他就不信了:怎么会没人买?碗是那个碗,碟是那个碟,又注入了文化元素,应该更有销路啊!

果然,他惊喜地发现:电视报道北京牛街派出所被评为优秀派出所的事迹,干警们深入北京最大的回民聚集区牛街访问,所到的两个回族家庭都有他生产的餐具:一个是盖杯,一个是碟子。后来,他租来汽车,将碗碟拉到北京民族文化宫参加展销会,没想到,原计划在 12 天会期展销的产品,3 天就卖光了。再后来,有几位西北穆斯林朋友不约而同地证实,有人从沙特阿拉伯买回沏茶的盖碗,居然是唐山新月穆斯林瓷厂生产的。

洪贵孚创办的这个穆斯林瓷厂,坐落在居民小区里,不足2000 平方米的厂区,两扇低矮陈旧的铁门,几间民居式的平房,看上去似乎不像一家工厂。但是,当来人步入产品展厅时,会顿觉眼前一亮:碗、碟、盘、壶、罐、坛、瓶……上百个品种,有的大,有的小,有的成套,有的单件,琳琅满目,流光溢彩。来这里的"回头客"和知名人士越来越多。宁夏回族自治区吴忠市市长为筹办"吴忠清真食品、用品博览会"考察货源,来到此处,感慨不已："找的就是这种风格"，接着连说三个"很好!"巴基斯坦驻华大使馆官员参观后，在留言簿上写道："瓷器的故乡在中国，穆斯林的瓷器在唐山。"这个小工厂的产品，还荣获越来越多的奖项：全国少数民族名优产品、首届中国清真食品博览会推荐产品、首届乌鲁木齐清真食品、用品博览会金奖……

洪贵孚是这家工厂的"多面手"：所有产品的设计，都出自他之手；每一种原料进货，都是经他过目的名牌产品；外地客商不愿意到外面吃饭，都是由他掌勺烹制地道的清真餐……对于他的事必躬亲，员工和陶瓷业同行都认为很正常，因为好多事都"非他莫属"。

拿产品设计来说，都是没有先例的"无图施工"，全凭他的宗教知识、陶瓷知识、生活积累和创作灵感。他在马路上捡到一块糖纸，也要从中寻找可资借鉴的东西，哪怕是一个图案、一个花纹……

厂里有一位老师傅，在纸上写不好字，可在陶瓷上"照猫画虎"，足够书画界的"高仿"水平，甚至能达到"以假乱真"的程度。在这位老员工看来，这种承载清真饮食文化的餐具，设计方案是独创的，贴图操作是手工的，烤制工艺是传统的，产品销售是定向的，如何掌控，就像厨师常说的"盐少许"，"少许"是多少？没有人告诉你，那是不可言说的部分，那是需要沉默的部分，也可以称为私人的绝活。他说，洪贵孚是厂里掌握绝活最多的"多面手"。

眼下，洪贵孚正为企业发展着急："美食美器，相得益彰，才能创造出更加丰富多彩的饮食文化。怎样把企业做强、做大呢？将来谁接我这个班呢？"

从五行餐具看中医养生之道

说到餐具在饮食生活中的重要性，清代美食家袁枚写在《随园食单》里的那句名言，常被人们提起："美食不如美器"。这里的"不如"，并非"美器胜于美食"之意，也不是提倡单纯的或华美的器具，而是强调"美食与美器相伴，食美器也美，美上加美。"在如此"美食不如美器"的意境之下，餐具制造运用我国古代形成的五行学说，以金、木、水、火、土五种物质为原料，并注入五行文化元素，便有了五行餐具。五行餐具不仅为美器和美食增光添彩，还蕴含了中医养生之道。

五行餐具引起笔者的注意，缘于和药膳大师的一次聚餐。那是 2014 年春节后京津冀 18 个城市持续雾霾的日子，笔者和几位药膳大师相约北京的一家药膳餐厅，就"饮食与雾霾"的话题，来个"宴会重在会"。邻桌的一位客人，从能见度很低的街道走进餐厅，尚未落坐，就和先到的几位朋友说起"煎、炒、炸和露天烧烤也能加剧雾霾"。服务员"看人下菜碟"，向他们推荐一个减轻雾霾伤害呼吸系统的办法：口含生姜。当这位服务员拿着菜谱走到我们餐桌时，我身边的药膳大师热情地鼓励她："你刚才说的'口含生姜'，我也听见了。李时珍说过：'凡早行山行，宜含生姜一块，不犯雾露清湿之气，及山岚不正之邪。'在药膳餐厅工作，多学点中医药知识有好处。"随后，服务员还向我们介绍了他们最近选用的五行餐具……

五行餐具，有别于形状奇特的"异形餐具"，不同于"吃不了兜着走"的"打包餐具"，也区别于不能重复使用的"一次性餐具"，它是以五行的五种物质为原料，并融入了五行文化元素，属于餐具大家族里的一种新产品。服务员给我们展示了一本由天地之间（北京）酒店用品有限公司赠阅的画册，内中便有对五行餐具的解读：

金，用钢铁材料制成的餐具，体现"大自然之美色与中国传统之美味诞生了冰冷钢铁生命之树瞬间的绽放"。

木，用木质材料制成的餐具，寓意"鲜美的汤汁沉睡在大地母亲的怀抱中"。

水，用玻璃材料制成的餐具，让"晶莹的玻璃承载着春天与冬天不同季节的色彩与心情"。

火，用瓷器材料制成的餐具，用"西洋抽象的画板与中国钧瓷共同演绎着新时代的中华美食"。

土，使用陶质材料制成的餐具，是"岩石旁，果园里，用眼睛与味蕾一同感受那天然的美景与美味。"

这就把五行的对应关系运用到餐具上了。五行的"五"，是指金、木、水、火、土五种物质；五行的"行"，是指行动，即运行变化、运行不息。合起来说，五行就是指金、木、水、火、土五种物质的运动变化。在中医看来，五行与食物、人体也有对应关系，比如五行中的"金"，对应的对象如下：

在酸、苦、甘、辛、咸的"五味"中，金为辛。

在麻、麦、秫米、稻、豆的"五谷"中，金为稻。

在韭、薤、葵、葱、藿的"五菜"中，金为藿。

在李、杏、枣、桃、栗的"五果"中，金为桃。

在犬肉、羊肉、牛肉、鸡肉、猪肉的"五畜"中，金为鸡肉。
在肝（胆）心（小肠）脾（胃）肺（大肠）肾（膀胱）的"五脏"中，金为肺（胃）。

在升补、清补、淡补、平补、温补的"五补"中，金为平补。

五行的对应关系，运用于餐具、食物和人体，有利于根据人体健康状况和中医养生理论，合理安排饮食，因人施膳，因时施膳，因地施膳，从而达到防病治病的目的。

人们在使用餐具时，很注重"量体裁衣"。整条鱼用长盘，丸子用圆盘，通过形状补充和强化菜肴的美感；淡色菜肴用深色餐具，深色菜肴用淡色餐具，通过视觉刺激食欲；高档菜肴用精致餐具，大众菜肴用普通餐具，通过不同档次的餐具体现欣赏价值、实用价值。五行餐具不仅具有这些特点，还蕴含了中医养生之道。因此，加强五行餐具的研究和利用，并以五行餐具为载体，加强中医养生科普宣传，是一件值得深入探讨的很有意义的事情。

磁州窑：北方碗碟的祖籍地

在北京一家酒店用品商店里，一位顾客在为开办快餐店选购餐具，看到一个"仿古碗"时，很感慨："这个碗，在我姥姥家看到过。"随后，有人问："姥姥的姥姥家用什么碗呢？"像问别人，又像问自己。这就勾起了身旁顾客的怀旧情愫，也调动了我为碗碟寻根问祖的欲望。于是，我的2014年"第一游"，便走进了北方碗碟的祖籍地：磁州窑。

那是一个星期天，我和也对餐具感兴趣的朋友驱车离开北京，经保定，过衡水，穿过邢台，来到邯郸，磁州窑就近在眼前了。通过一路上的说陶谈瓷，我对磁州窑多了些认识。比如，磁州窑并不是"一个窑"，而是"一群窑"，特指中国古代北方最大的民窑体系。就"窑"而言，磁州窑涵盖了河北省磁县观台镇到峰峰矿区彭城镇的所有民间瓷窑。

我们来到彭城镇时，夜幕已经降临。在路灯的灯光下，从磁州窑遗址前经过，来到毗邻的一家陶瓷厂。那里炉火正红。一位师傅向我们介绍："点着火，就没有退路了！"原来，碗碟杯盘之类的陶瓷产品，是高温条件下连续性的流水作业，"开弓没有回头箭"，一年当中，只是酷暑季节停火一次，约一个月时间。除此以外，昼夜不停的"炉火正红"！

我们确定了"从头到尾"的"体验式"参观路线，即：从"泥"到"碗"。

土堆上的"土"，石堆里的"石"，在我们外行人眼里，看不出有什么特别。可是，接下来的变幻莫测，就不能不投以惊奇的目光了：和土为泥，那泥是那么的细腻，没有一点儿杂质，泥堆上的断面，让我联想到一分为二的法式面包的"立茬"；碎石成浆，那浆的粘稠度、均匀度，让我联想到不干又不稀的牛奶；泥料与石料完美融合并进入模具，便成就了碗碟杯盘等陶瓷产品的泥坯，那"坯"无论是大还是小，看上去都"傻大黑粗"，给人以"土里土气"的惊奇！

泥坯被搬到梭式窑的烧制车间。梭式窑，顾名思义，穿梭式的设备在窑里。这个"梭式"设备，有点类似平行输送带，长15米。泥坯被搬到这个"输送带"之后，进入"预热带"，经过"烧成带"，走进"冷却带"，出现在出口时，我们又惊奇地发现：原来的"土里土气"一扫而光，呈现出魔幻般的光鲜亮丽，正如磁州窑的一副对联所说："泥坯入炉素变彩云，荷花出水绿映红光。"

就这样，一年又一年，一代又一代，"磁州窑千年窑火未断"。

在这家工厂的产品库房里，有圆形的碗，长方形的盘、腰圆形的碟、蝴蝶形的瓶、鸡心形的壶、花瓣形的罐、六角形的钵……成百上千，千姿百态。

当晚，我们用餐的地方也与陶瓷有关，那是在邯郸陶瓷研究所招待所基础上改建的磁州窑会馆。在大力度反腐的当下，有些会馆或降低消费标准或停业或转行，可磁州窑会馆却经营红火，因为他们一直坚持经营具有磁州窑特色的"家常菜"，面向大众消费。我们进入用餐区时，一拨接一拨客人已吃喝完毕，面带笑容，从一个又一个餐厅里走出来。这里共有 13 个餐厅，都以磁州窑的老窑口命名。西大地窑、南山坡窑、二里沟窑等老窑口，都为当地百姓所熟知。他们用餐时，往往专门选择离家近的"窑口"，更有亲切感。外来的客人用餐，则通过墙上的"老照片"或服务员介绍，了解所在的"窑口"。比如：盐店窑，现存元代古窑址一处、清代古窑两座、古陶瓷原料地一处；泰浴窑，现有窑洞、窑场等遗存，曾是中国共产党早年在彭城开展革命活动的据点，如今已成为红色文化教育基地。这个会馆的招牌菜，也在彰显磁州窑的陶瓷文化。比如，瓦罐系列的"瓦罐煨凤爪"、"瓦罐红焖羊"、"瓦罐山药养"、"瓦罐甜蜜蜜（南瓜）"。

　　晚饭后，入住磁州窑会馆的客房，我又注意到在国内外住宿处都未曾见过的袖珍"皂盒"。一块直径只有 2.3 厘米的圆形香皂，居然也有个"量身订制"的"陶瓷托盘"。与这里的客人聊起这"皂盒"，他们也无不为陶瓷故里无处不在的陶瓷产品而感慨不已！

2014 年 3 月作者在河北磁州窑考察

　　第二天上午，我们来到磁州窑遗址参观。这座元代古窑址，是中国古代北方民窑的杰出代表，被专家认定为"北方碗碟的祖籍地"。作为全国重点文物保护单位、中国民窑研究基地、列入全国首批"非物质文化遗产名录"的磁州窑遗址，也是河北省最为知名的旅游品牌之一。

　　在磁州窑遗址参观时，还得知陶瓷界有"南有景德，北有彭城"之说。我和几位同伴相约，有机会再一同走进南方的碗碟祖籍地。

含有烹饪器具的谚语

　　谚语，是熟语的一种，流传于民间，言简意赅，读起来很好听。人们非常喜欢谚语，称它是"生活的教科书"、"生活的百科全书"、"语言中的盐"。

　　由民间集体创造的谚语，是民众丰富智慧和普遍经验的规律性总结。它反映的内容涉及社会生活的各个方面。比如，"久雨刮南风，天气将转晴"的气象谚语、"庄稼一枝花，全靠粪当家"的农业谚语、"伤筋动骨一百天"的卫生谚语。含有烹饪器具的谚语，为通俗易懂的短句、韵语，多数反映了烹饪技法和食疗养生等方面的实践经验，多是以口语形式流传下来。

　　含有烹饪器具的谚语，不仅能使语言活泼风趣，还有利于交流烹饪技艺和宣传食疗养生知识。

　　铁锅钢刀，都不可少。

　　大锅饭，小锅菜。

　　小菜煮在锅里，味道闻在外边。

　　紧锅粥，慢锅肉。

　　头锅饺子二锅面。

　　揭揭锅，三把火。

烧火瞅着锅肚脐。

锅里有碗里才有。

药对方，一口汤；不对方，一水缸。

宁可锅里放坏，不可肚里硬塞。

咸鱼就饭，锅底刮烂。

少吃一口，安稳一宿；少吃一碗，安稳一天。

滚粥三碗，遍身都暖。

饭前一碗汤，气死好药方。

含有烹饪器具的歇后语

歇后语，是一种具有独特艺术结构形式的民间谚语。它由两部分组成，前面是假托语，是比喻；后面是目的语，是说明。分为寓意的和谐音两种，主要用来表现生活中的某种情景和人们的某种心理状态。有人曾把歇后语比作俗语中的"杂文"。

含有烹饪器具的歇后语，都是短小、风趣、形象的语句。在含有"锅"、"缸"、"筷子"、"擀面杖"等烹饪器具的语言环境中，通常说出前半截，"歇"去后半截，就可以领会和猜想出它的本意，幽默风趣，耐人寻味，往往具有幽默讽刺意味。

含有烹饪器具的歇后语，更能体现厨师"三句话不离本行"的专业素质，并通过歇后语极为形象的比喻，增强语言表现力。

砂锅炒韭菜——有（言）盐在先

砂锅炒青豆——又（亲）青又热

青石板上炒豆子——熟一个，蹦一个

铁板上炒豆子——熟了就蹦

冷锅里炒热豆——越吵（炒）越冷清

热锅炒辣椒——够呛

油锅里撒盐——热闹了

热锅里煮汤圆——翻翻滚滚

砂锅捣蒜—— 一锤子买卖

冷锅贴饼子——出溜到底了

擀面杖当笛吹——没眼儿

擀面杖吹火—— 一窍不通

擀面杖敲鼓——抢的哪一锤

擀面杖不分长短——大小各有用场

壶里煮粥——不好搅

盘子里生豆牙——根底浅

盘子盛水——看到底了

破蒸笼笼馒头——浑身是气（气不打一处来）

七石缸里捞芝麻——费功夫

一根筷子吃藕——专挑眼儿

相依相伴

含有烹饪器具的对联

对联，又称对子、门对、春联、春贴、桃符、楹联等，是写在纸、布上或刻在竹子、木头、柱子上的对偶语句，言简意深，对仗工整，平仄协调，字数相同，结构相同，是中文语言的独特的艺术形式。

对联当中，有通用联、婚姻联、贺寿联、处所联等多种类别。比如，行业联中的饭店对联、茶馆对联、浴池对联。在饮食业的对联中写入烹饪器具，不仅能体现行业性，还具有很强的实用性、艺术性。

含有烹饪器具的对联，具有不可忽视的作用。比如：广而告之的宣传作用；丰富和反映民俗的作用；增加传统文化积累的作用。

虽是勺下技艺
却是大雅文章

神鼎上方调六味
官壶春色酿三浆

茶里乾坤大
壶中日月长

比数盘盂侧
经营指掌中

刀叉扎根西欧
筷箸遍布全球

吞云吐雾盘龙筷
振翅欲飞金凤箸

红鲜雅称金盘钉
软熟真堪玉箸地

盘浅情浓味适嘉宾口
价廉物美甜饴贵客心

勺炒五味鲜
油滴一点香

锅瓢碗盏交响曲
箸匙刀叉宴会乐

店好千家颂
坛开十里香

怀中倾竹页
人面笔桃花

几盘饭菜知客味
十分热情暖人心

含有烹饪器具的术语

术语，是某一学科中的专门用语，是思想和认识交流的工具。术语通过语音或文字来表达或限定科学概念的约定性语言符号。

在烹饪专业术语中，含有"锅"、"碗"等烹饪器具的术语，具有以下基本特征：一是专业性。表达烹饪专业的特殊概念，通行范围有限，非烹饪专业人士使用较少。二是科学性。语义范围准确，不仅标记一个概念，而且使其精确，与相似的概念有区别。三是单义性。在烹饪专业范围内是单义的，不同于一般属于两个或更多专业的术语。四是系统性。每个术语的地位只有在烹饪专业的整个概念系统中才能加以规定。五是独特性。成为术语后，与原词的意义部分地或完全地失去了联系。

含有烹饪器具的烹饪术语，不仅有利于同行间更好地沟通，也对提高厨艺都有好处。

头锅 也称"头炉"、"灶头"、"炒头灶"、"炒头火"、"主厨"、"掌灶"、"头镬"。头锅并不是"锅"，而是特指某饭店烹饪经验丰富、烹饪技术最高者。头锅，通常也称为厨师的"组长"，全面指导厨房的技术和管理工作。走进厨房，在第一个灶眼上颠勺炒菜的，往往就是被称为"头锅"的厨师。头锅，也指某

一菜系烹饪技术最好的厨师，如鲁菜头锅、粤菜头锅、川菜头锅，在某菜系厨师长领导下施展厨艺。在一些地方，头锅也指担任行政总厨者。

二锅 是烹饪技术仅次于头锅者。二锅除了完成自身的司厨工作，协助头锅开展工作。二锅负责名贵食材处理等技术难度较大的工作，能制作技术含量高的菜肴。在厨师招聘时，往往特意注明聘用二锅。比如，"本饭店环境幽雅，闹中取静，现招聘二锅厨师一名、配菜一名。"

帮锅 也称"上杂"、"上什"，原为广东饮食行业用语，现已在很多地方流行，特指在烹饪技术上有某种特长的厨师。比如，有的帮锅负责长时间加热和以蒸汽传热的原料准备或菜肴制作。在特大型厨房，还有担任"副帮锅"的厨师，协助帮锅完成相关工作。

汤锅厨师 俗称"吊汤"。俗话说，"厨师的汤，戏子的腔"，强调"好厨师，一勺汤"。汤锅厨师负责吊汤，即"看汤锅"，也负责制作炖、熬等长时间加热的菜肴。汤锅厨师的工作，通常由帮锅承担。

笼锅厨师 俗称"打笼"。笼锅厨师负责蒸制半成品原料、发制干货原料。笼锅厨师的工作，通常由帮锅承担。蒸菜厨师，也常用于代称蒸菜工种。

锅子底儿 通常指品种不同、风味各异的火锅底料。比如，海鲜锅底儿、药膳锅底儿、清水锅底儿。2011 年 5 月，四川海底捞餐饮股份有限公司在北京朝阳区的一家门店公示"锅子底儿"，这是北京第一家通过公示"锅子底儿"明示"食品添加剂明细"的餐饮企业。他们公示的内容有海鲜酱、沙茶酱、菌王酱、XO酱、豆花酱、香辣牛肉酱等。据《新京报》报道，海底捞用于锅子底儿的调料有一百多个品种，不是全部公示，主要公示食品添加剂使用情况，并未公示每种原料的用量配比，既保护了公众的知情权，又保护了企业的特色餐饮秘方。锅子底儿，也泛指吃涮羊肉的一套调料。比如，麻酱、酱油、虾油、腐乳、辣椒油、韭菜花、料酒。

2014 年 5 月作者(右一)和厨师在一起

暗葱炝锅 是一种烹饪技法。厨师在制作菜肴之前，先在锅里放入少量油，烧热，然后放入葱段，煸出葱香味。在下料之前，

把葱捞出来，锅里只留下含有葱香味的"葱油"。这种烹饪技法，有"只闻葱味不见葱"、"吃葱不见葱"的奇妙，代表菜例当属杭州名菜"龙井虾仁"。据传，清朝乾隆皇帝下江南时，恰逢清明时节，他将当地官员进献的龙井新茶带回行宫。当时，御厨正准备制作"白玉虾仁"这道菜，闻着皇帝赐饮的茶叶散发出一股清香味，突发奇想，便将茶叶连同茶水作为佐料，倒入炒虾仁的锅里，于是有了这道创新菜。杭州厨师听到这个传闻，随即仿效。滑锅后下猪油，烧至四成热时，放入虾仁，迅速用筷子划散，虾仁呈玉白色时，倒出沥油。锅里放入少量油，放入葱段，煸出香味后拣去葱。随后放入虾仁，再将茶叶连同茶水一起倒入，调味，烹少许绍酒，颠动片刻出锅装盘。如此"虾仁玉白"，茶叶碧绿，菜味清香。

倒炝锅 是与炝锅相反的烹饪技法。炝锅，锅里放入油，烧热，放入葱、姜等调料，煸出香味，加入酱油。完成这个炝锅程序之后，加入原料炒制，便是炒菜；加入原料，再加入水或汤，就是汤菜；加入水和面条，则是热汤面。倒炝锅，在制作程序上与此相反。以汤菜为例：汤品成熟后盛入碗中。锅里放入油，烧热，放入葱花、姜末、香油、食盐、花椒等倒炝锅原料，煸炒出香味时，浇入汤碗。采用倒炝锅技法制作的炒菜、汤菜、汤面，多是咸鲜或酸辣口味。倒炝锅有两个优点：一是对菜肴进行补充调味，味道更浓郁适口；二是倒炝锅能对菜肴起到保温作用。在北京方言中，倒炝锅称为"耀锅"。

"倒炝锅"的说法，也常被借用到工作顺序上。本应在开始就完成的某项工作，却落下了。在后面的工作完成之后，再把开始应完成的不可缺省的工作补上，于是出现了工作顺序上的颠倒，这种现象也被称为"倒炝锅"。

碗芡 顾名思义，是装在碗里的汁芡。碗芡的汁芡，是用盐、糖、醋、酱油、绍酒、味精、淀粉等兑制出来的，味型千变万化。兑制汁芡，通常使用碗盛装，也就称之"碗芡"。制作"油爆肉丁"、"宫保鸡丁"等旺火速成的"火候菜"，各种调味品分别下锅，至少存在三个问题：一是影响烹饪速度；二是不易调准口味；三是多种调味品的滋味不易渗入原料内部。碗芡，属于"预备调味"，事先把各种调味品及粉汁放入碗里，调匀，较正好口味和用量。找准火候，将碗芡迅速倒入锅中，菜肴味道统一又均匀，也更加入味，保证质量，还能减少烹调时的调味工序、加快烹饪速度、节约调料。

碗汁 又称"清汁"。也是在碗里兑制出来的汁，称之"碗汁"。碗汁和碗芡的区别在于碗汁的原料里没有淀粉，因此也称"清汁"。制作"芫爆肉丝"、"炸烹里脊"，用的就是"碗汁"，而不是"碗芡"。有人图省事，一次兑汁较多，不管制作什么菜肴，都使用这一种碗汁，使之成为"万能汁"，这种做法不可取。每种菜肴都有独特的风味特色，所用的碗汁、调料种类和用量也应有区别。一种碗汁制作多种菜肴，出锅菜肴的色泽轻重、口味咸淡、质感呈现，都体现不出应有的差异，失去了变化，"多菜一味"，而不是"一菜一味，百菜百味"。有经验的厨师，十分讲究碗中之汁，该用碗汁时不用碗芡，而且坚持"一菜一兑汁"。

在单守庆"厨行天下"书系
研讨会上的讲话（摘要）

● 孙启泰

　　中国商业出版社能有机会与中国食文化研究会、中国烹饪杂志社共同主办单守庆"厨行天下"书系研讨会，我感到很高兴。感谢各位专家、学者和《中国新闻出版报》、《中国商报》、《中国食品报》、新浪网、搜狐网等媒体对中国商业出版社图书的关注并光临本次研讨会。下面向大家介绍一下单守庆"厨行天下"书系的编辑、出版和发行情况。

　　"厨行天下"书系目前已出版 3 本书，即 2007 年 8 月出版的《烹饪刀工》、2009 年 4 月出版的《烹饪技法》、2009 年 6 月出版的《烹饪火候》。

　　《烹饪火候》和此前出版的《烹饪刀工》、《烹饪技法》，体现了"厨行天下"书系的五个特征：

　　一、作品的内在品质比较好，资料真切扎实。比如，在《烹饪刀工》写到剁肉、剁菜、剁饺子馅的"剁制刀工"时，引用并认为"《新华字典》的解释比较原则：'用刀向下砍'"；随后，引用并认为"《中国烹饪百科全书》的解释则具体而又专业：'将无骨原料制成泥茸状的一种刀法'"；文末又从专业书籍中找到答案："剁，也称斩。"这样引用资料，可信度高，说服力强。

二、独特鲜明的文字风格，娓娓道来的清新笔触。"剁制刀工"的标题是：《刀口能剁，刀背也能剁》；《单刀能剁，双刀也能剁》；《剁：厨房里的乐章》。类似这样的标题，同时出现在一篇烹饪文章里，在以往的烹饪图书中没有先例，这种写法更能凸显作品的原创性。

三、文史兼备，从烹饪漫长的历史到今天的现实。《烹饪火候》以《烹饪的起点》开篇，从人类最初的烤制火候写到2008年《透过水煮鱼的"标准之争"看火候》，引领读者探究烹饪火候的古往今来。

四、以漫谈的形式书写烹饪科普文章，符合市场阅读趋势。《烹饪火候》中的文章标题，其实也是"烹饪火候谚语集锦"：蒸鲢煮鲫炖黄鳝；大火煮粥，小火煨肉；千滚不如一焖；贴是一面煎；热油旺火炒；急火速成熘，等等，喜欢烹饪的读者看到这些标题，就有亲切感，从而激发学习厨艺的兴趣。

五、具有较强的适用性、可操作性。《烹饪技法》的"腌"，开篇提到人们再熟悉不过的"腌白菜、腌萝卜、腌肉、腌鱼"等，接着指出"有人对腌菜不屑一顾"，误认为"不就是原料加咸盐吗？"然后指出腌"并不是那么简单"，有盐腌、糟腌、酱腌、醉腌、醋腌、糖醋腌，等等，最后推出腌制技法的代表菜。读者既能学到烹饪知识，又可以按照书里的菜谱做菜。

这个书系的责任编辑刘毕林，是中国商业出版社第四编辑室主任、副编审，也是在我们社工作20多年的资深编辑。他和单守庆先生对"厨行天下"书系的策划很精心，要求很严格，从而保证了较好的质量。在没做任何发行宣传的情况下，"厨行天下"书系三本书的发行，一本比一本看好。

借这次研讨会的机会，也希望各家媒体多多关注和推介中国商业出版社的图书。作为具有烹饪图书出版传统的中国商业出版社，愿意为读者和作者提供更好的服务。

2009 年 7 月 19 日

集割烹清气　合天下大观

● 陈学智

自 2007 年起，单守庆撰写的"厨行天下"书系由中国商业出版社陆续出版，目前已出版《烹饪刀工》、《烹饪技法》、《烹饪火候》三卷。

单守庆先生对烹饪文化的研究颇为深入，所撰写的文章视角独到，深入浅出。正因为这样，他从 2003 年开始写作的单守庆"厨行天下"书系，具有鲜明的特点：

时尚性。单守庆"厨行天下"书系的时尚性，并不是指时尚的题材、时尚的包装，而是在我国源远流长的烹饪文化中注入时尚元素。一是新，就是写作方法新。单守庆"厨行天下"书系内容简介的第一句话就体现了"新"："开烹饪图书'漫谈'形式之先河，说古道今，纵横交错，谈经论艺，涉及烹饪技术、烹饪文化、名厨故事等方方面面，具有较强的知识性、实用性、系统性、趣味性。"二是异，就是用文学笔汇诠释枯燥的技术术语。单守庆"厨行天下"书系各篇文章的标题，一改过去教科书的模式，将技术有机插上了驰骋自由想象的翅膀，变得生动活泼而又形象耐读。例如，《烹饪刀工》中的《剁：厨房里的乐章》、《劈：刀工中的大手笔》、《旋：菜肴美容师》、《刮：刀工中的"与无声处听惊雷"》。三是特，就是寓教于乐，点石成金。单守庆"厨行天下"书系不落当下"烹饪图书近乎于菜谱画册"的巢窠，而

是每篇文章都配以切题的插图，阅读一篇文章，吸收烹饪知识和掌握操作技巧的同时，还会因为一幅略有夸张的配文插图带来深入理解后的幽默一笑，阅读也就变成了悦读。

实用性。单守庆"厨行天下"书系除了给读者传递知识、审美愉悦之外，还具有很强的实用功能。《烹饪刀工》从厨师怎样站案、怎样操刀、怎样运刀谈起，娓娓道来：《切，练刀工从这里开始》、《切：使用最多的刀法》、《切，窍门多多》，一番夹叙夹议的"切制刀工"漫谈之后，精选 3 道突出切制刀工的菜例附于文末。烹饪行业常用的 12 种主要刀法，都是这种体例。《烹饪技法》则从《烹饪技法知多少》谈起，接着谈《烹饪技法溯源》和《烹饪技法展望》，对烹饪行业的 50 种常用的烹饪技法，进行一一探究，每种烹饪技法后面，都有该技法的精典菜例。《烹饪火候》开篇便是《烹饪火候面面观》，随即强调《烹饪火候无小事》，从而展开《烹饪火候纵横谈》，所谈内容注重突出实用性。比如，"大火煮粥，小火煨肉"、"千滚不如一焖"、"热油旺火炒"、"急火速成熘"、"冷水下肉，开汤炖鱼"。如此种种，异彩纷呈，正所谓"操千曲而后晓声，观千剑而后识器"。

独特性。单守庆"厨行天下"书系的选题并非独特，是讲了几千年的老题材内容：切、片、削、剁等刀工；煎、炒、烹、炸等技法；大火、中火、小火等火候。但是，写法很独特。比如，《烹饪刀工》的封面语："一把菜刀，谈古论今，万种风情；一种刀法，一种说法，三个菜例；一册在手，刀工百科，刀下生花"。《烹饪技法》的封面语："五十种烹饪技法——探究；五十篇美食文章——展现；五十道精典菜肴——亮相"。《烹饪火候》的封面语："大火中火小火，火候种种，在此评说；急火慢火飞火，火候种种，在此区别；看火听火抢火，菜肴种种，在此制作"。这些封面语，并非虚张声势的"广告词"，而是书中内容的高度概括和重要提示。读罢各书，再掩卷回首封面语，会得出"恰如其分"的结论，产生"书中有神，腕下生花"的感觉，获得鲜活的意象，生动的领略，直截的陶染。

通俗性。单守庆"厨行天下"书系把技术性很强的烹饪话题成功地转变为平实的大众话题、社会话题。从"刀工"到"技法"再到"火候"，以简驭繁，避免了难以看懂的专业性，也避免了缺乏实用性。这对于刀工、技法、火候三个烹饪专业来说，是具有权威性、实用性和可读性的工具书：源流考、作用谈、技巧多、文化深、实例准，尽在书中。因此，每本书都极其巧妙地将百般譬说也难以鞭辟其里的文化意境展现在我们的面前。这是对中国烹饪文化研究的新奉献。

延伸性。单守庆"厨行天下"书系的读者定位，是以职业厨师为主，还可以延伸到烹饪专业院校、烹饪培训班和烹饪爱好者，是一套具有"工具书"性质的专业参考书，也可以说是谈吃论喝的"枕边书"。不仅读者对象可以延伸，冠以单守庆"厨行天下"书系的名称之下，还可以继续出版《烹饪调味》、《烹饪文化》等，具有开阔的写作空间，起到了点缀呼应，标眉举目的作用。

正因为上述五个特点，我认为单守庆"厨行天下"书系是食文化研究的一个新成果。因此，我为此书写了这样的赠言："集调鼎割烹清气，合厨行天下大观。"

（原载《中国商报》，2009 年 7 月 31 日）

厨行天下：小火靓汤慢慢熬

● 李子木

从初出茅庐的小编辑到成为中国商业出版社的副总编辑，一路走来，刘毕林也数不清自己到底编辑过多少饮食文化类书籍，但如果一定要他在众多的图书中选择他最喜爱的图书，他会义无反顾地选择"厨行天下"这套丛书。

"厨行天下"书系是由我国著名餐饮文化大师、科普作家单守庆所写的一部具有实用性质的饮食文化丛书，目前已经出版《烹饪刀工》、《烹饪火候》、《烹饪技法》、《烹饪调味》4本，这套书自 2007 年出版后受到国内餐饮界广泛好评，也深受普通读者喜爱。

烹文煮字力透纸背

１０多年前，当时已经是出版社业务骨干的刘毕林希望在编辑业务上能够有所突破，他把突破点选在了当时还处于发育初期的饮食文化出版领域，却苦于寻觅不到合适的作者。偶然的机会，他在《中国烹饪》杂志上看到了单守庆的专栏，深为作者那文史兼备、汪洋恣肆的文字所吸引，于是在第一时间向这位专栏作者抛出了橄榄枝。只可惜单守庆的专栏当时刚刚开栏不久，还不足以集纳成书，两人遂订下盟约，待该专栏规模足够大的时候，一定要在中国商业出版社出版。13 年后，单守庆的专栏已经蔚为大观。"厨行天下"开始正式踏入出版的征途。按照刘毕林的设计，这套书应该是实用的：烹饪行业从业人员既可以按文索骥提高技法，又具有很高的文化含金量。在提升行业从业人员文化品位的同时，也能让普通读者从中得到阅读的享受。按照刘毕林的要求，单守庆对自己的文章进行了全面的修改，在可读性上苦下工夫，仅仅一个前言就反复修改了5次，才得到编辑首肯。为了增强文本的亲和力，刘毕林和中国商业出版社还不惜重金，邀请著名的漫画家根据文章内容为每一篇文章配了一幅漫画，后来的实践证明，这看似不经意的一招儿，却收到了画龙点睛的效果。

2007年8月，"厨行天下"系列的第一本《烹饪刀工》终于付梓，随即在中国饮食烹饪界产生热烈的反响，比如中国药膳研究会副秘书长、中国烹饪大师、中国药膳大师焦明耀把"厨行天下"书系称为"厨师之友"。

书中有神腕下生花

"在没做任何发行宣传的情况下，单守庆的'厨行天下'书系前4本的发行，一本比一本好。接下来的第5本《烹饪器具》也已完成编辑工作，出版在即。显然这与编辑前期策划的精到细致和内容本身的生动、实用有着密切的关系。"中国商业出版社社长龙文元在接受《中国新闻出版报》记者采访时表示。

在后来的读者调查工作中，不少购买此套书系的读者都谈到，是那些生动的封面语让他们产生了购买的冲动。比如，《烹饪刀工》的封面语："一把菜刀，谈古论今，万种风情；一种刀法，一种说法，三个菜例；一册在手，刀工百科，刀下生花"；《烹饪技法》的封面语："五十种烹饪技法——探究；五

十篇美食文章一一展现；五十道经典菜肴一一亮相"；《烹饪火候》的封面语："大火中火小火，火候种种，在此评说；急火慢火飞火，火候种种，在此区别；看火听火抢火，菜肴种种，在此制作"。读罢各书，再掩卷回首封面语，会得出"恰如其分"的结论，产生"书中有神，腕下生花"的感觉，获得鲜活的意象，生动的领略，直接的陶染。

也有不少读者对书中的漫画爱不释手，认为漫画里的厨师幽默生动，谐趣盎然，而且与文章内容配合得相得益彰，阅读一篇文章，在吸收烹饪知识和掌握操作技巧的同时，还会因为一幅略有夸张的配文插图带来深入理解后的幽默一笑，阅读也就变成了悦读。

饮食图书厨行天下

据刘毕林介绍，"厨行天下"书系的意义不仅仅体现在给出版社带来的经济效益上，更重要的价值在于，首先实现了当初设想的"通过推出一个系列、打造一个品牌、广交一批朋友"的目标。此外，通过"厨行天下"，中国商业出版社在如何创新烹饪文章写作、如何提高烹饪文章写作质量、如何搞好烹饪技术与烹饪文学的嫁接、如何提高烹饪图书的原创性、如何加大烹饪图书的文化含量、如何增强烹饪图书的可读性和趣味性等方面进行了有益的探索，为进一步出版饮食文化类图书积累了宝贵的经验。

如今，中国商业出版社已经成为烹饪古籍和饮食文化类图书的出版重镇。刘毕林则在完成"厨行天下"之后又参与了《中华老字号》等重要书籍的编辑出版工作。不久前他还登上荧屏，在北京电视台的读书节目上推荐由他担任责任编辑，中国烹饪大师、BTV《食全食美》特约主持人白常继撰写的《白话随园食单》。刘毕林说："是'厨行天下'系列开阔了我的眼界和人脉，让我在烹饪行业登堂入室。"

（原载《中国新闻出版报》，2013 年 7 月 29 日）

后 记

　　"厨行天下"书系的《烹饪刀工》、《烹饪技法》、《烹饪火候》、《烹饪调味》出版之后，有了这摞即将付梓的《烹饪器具》书稿，是一件顺理成章的事。

　　著名美食家袁枚早在清代的《随园食单》里就说过，"美食不如美器"。而今的烹饪器具，不再是日杂店里的"点缀"，已经形成了一个新兴的产业，有酒店用品生产企业、酒店用品商店、酒店用品博览会……这些酒店用品，用四个字简单概括，就是"锅碗瓢盆"。

　　读者向笔者提出建议：写了刀工、技法、火候、调味之后，应该写写"锅碗瓢盆"了。中国商业出版社也认为有必要出版烹饪器具方面的科普书。于是，我从 2010 年 1 月开始《烹饪器具》的写作，至今已有三年多时间。

　　拿在读者手上的这本《烹饪器具》，我是从 2010 年 1 月开始写的，大部分内容在《中国烹饪》杂志《烹饪厨具博览》专栏发表，也有一些内容在《中国食品报》发表，还有一些是本书出版前的急就章，前后经历了三年多时间。

　　其实，写作这本书的准备工作，从 20 多年前就开始了。记得，1993 年 10 月 13 日，《大众日报》发表文章《锅碗瓢盆新趋势》；

1995 年 11 月 2 日，《消费者报》发表文章《锅碗瓢盆新品种》；1999 年 9 月 29 日，《中国商报》发表文章《锅碗瓢勺奏新曲》。这些写"锅碗瓢盆"的文章，引起我的关注。因为"美食离不开美器"，从事餐饮文化研究和食品科普创作，怎能不涉及锅碗瓢盆？

司空见惯的锅碗瓢盆，认真研究起来，也大有学问！除了"新趋势"、"新品种"、"奏新曲"的"新"，还有很多值得探究的"旧"：清代美食家袁枚为什么在《随园食单》里说"美食不如美器"？锅碗瓢盆是怎样记录烹饪发展史的？烹饪器具除了具有实用价值，它又如何承载古今的饮食文化？等等。为了本书的科学性、实用性和可读性，我下了一番"读百样书，写千字文"的功夫：

自学高等职业教育教材《烹饪器具及设备》，终于弄清了盘与碟的区别：一般习惯以 166.7 毫米（5 寸）以上为盘，166.7 毫米（5 寸）以下为碟。

研读《中国烹饪史略》，这才确认"釜和鼎是最早问世的两种不同形状的锅"。

查阅《中国烹饪辞典》，又查阅《中国烹饪文化大典》，这才对"锅碗瓢盆"的"瓢"有了"纵不断档，横不漏项"的认识。"箪食瓢饮"，语出 2500 多年前孔子的《论语·雍也》："一箪食，一瓢饮，在陋巷，人不堪其忧，（颜）回也不改其乐。贤者也。"这是孔子赞扬他的得意门生颜回，在生活极度困苦的情况下，仍能坚持操守。那时的瓢，是把葫芦剖开用于舀水的烹饪器具。后来，舀水器具不只是"剖葫为瓢"了，不同材质的舀水器具，如同"按住葫芦起了瓢"，不断涌现，有铜、铁、铝、搪瓷、不锈钢等多种制品，形如勺，深而大，柄也长，更实用。瓢，也称"水

瓢"、"水舀"、"马勺"。如今，用于炒菜的炒勺也称"瓢"——炒瓢。瓢，既是饮水用的餐具，也是制作菜肴的烹饪器具。

除了收集烹饪专业书籍和相关报刊资料，我还留意其他书籍、文章中涉及烹饪器具的内容。比如，易中天的《闲话中国人》写道："问鼎中原"的"鼎"，已不简单的只是一只烧饭锅了。鼎，也是政权和权力的象征。再比如，《中国烹饪文化大典》中收入的赞颂烹饪器具的诗——

炒勺："面目乌黑不自嫌，任人敲打任人颠。宾朋满座开盛宴，火燎烟熏一身担。"

菜墩："或薄或厚或圆方，一祖同宗继世长。生来木讷忍利刃，无言换取满屋香。"

锅铲："方头愣脑甚堪怜，忙时不过日三餐。胡搅乱翻唯有你，不知浓淡不知咸。"

走出书房，走进厨房，走进酒店用品商店，走进北方碗碟的祖籍地——河北省磁州窑……我向厨师朋友、烹饪器具生产者和经营者请教，为我笔下的《烹饪器具》"添油加醋"。每次每次，都有令我兴奋的收获。比如：手捏碗，是细磁做成的不规则形，有"手撕肉"那种顺其自然的美感；飘流瓶，是借用网络语言命名的餐具，这种新颖别致的餐具，类似一剖两瓣的啤酒瓶；变色盘，能从不同角度观看到盘子的不同颜色；陶瓷碗上的"耐磨金"，居然划也划不掉……

我还把文字记载和民间流传的"含有烹饪器具的谚语"、"含有烹饪器具的歇后语"、"含有烹饪器具的对联"、"含有烹饪器具的术语"加以选择或注释，一并收入书中，以增加阅读的知识性和趣味性。

尽管我尽心尽力写作了这本书，但烹饪器具"小到一个汤匙，大到一台冷冻机"，还有很多内容值得继续写下去，我会坚持。瞻前顾后，和烹饪器具打交道，我有如下感想：

锅：没有痛苦的煎熬，哪有沸腾的生活。

碗：若不首先充实自己，怎会有营养供给别人？

擀面杖：尽管其他方面一窍不通，可也有自己的一技之长。

高压锅：压力，能缩短通向成功的距离。

筷子：一生正直无私，为别人尝尽甜酸苦辣。

《烹饪器具》是"厨行天下"书系的第五本书。此前已出版了《烹饪刀工》（2007年）、《烹饪技法》（2009年）、《烹饪火候》（2009年）、《烹饪调味》（2010年）。从第一本到第五本，历时八年。其间，我还出版了《名人饮食经》、《清真饮食面面观》。八年出版了七本书，对于既不是职业厨师也不是专业作家的我来说，确实感觉很累了。好在我正执笔于《烹饪刀工》的修订，这体现了读者对我的鼓励和支持，也就感到累也值得，苦中有乐了。

感谢中国餐饮事业终身成就奖获得者艾广富大师，他曾担任中国常驻联合国代表团宴会设计师、北京亚运会运动员清真餐厅行政总厨，能做菜、能说菜、能写菜，于讲学带徒的忙碌之中，拨冗为本书作序。

是为后记。

单守庆

2014年5月1日

厨行天下书系

开烹饪图书"漫谈"形式之先河，讲古道今，谈经说艺，纵横交错，涉及烹饪技术、烹饪文化、名厨故事等方方面面，具有较强的知识性、系统性、可读性、实用性。对于职业厨师、烹饪院校、烹饪爱好者来说，这是不可多得的参考书、工具书和"枕边书"。

厨行天下书系之一：《烹饪刀工》（修订版）

讲述烹饪刀工：切、片、削、剁、剞、劈、剔、拍、剜、旋、刮、食雕。一把菜刀，谈古论今，万种风情；一种刀法，一种说法，三个菜例；一册在手，刀工百科，刀下生花。

书号：ISBN 978-7-5044-5891-9
定价：32.00 元

厨行天下书系之二：《烹饪技法》

讲述烹饪技法：煎炒烹炸、蒸煮炖扒……五十种烹饪技法——探究；五十篇美食文章——展现；五十道精典菜肴——亮相。

书号：ISBN 978-7-5044-6357-9

定价：28.00 元

厨行天下书系之三：《烹饪火候》

讲述烹饪火候：大火中火小火，火候种种，在此评说；急火慢火飞火，火候种种，在此区别；看火听火抢火，菜肴种种，在此制作。

书号：ISBN 978-7-5044-6507-8

定价：28.00 元

厨行天下书系之四：《烹饪调味》

讲述烹饪调味：酸味甜味苦味辣味咸味，五味在这里调味；主味辅味海味野味药味，百味在这里寻味；鲜味香味入味滋味风味，美味在这里回味。

书号：ISBN 978-7-5044-6956-4

定价：28.00 元

厨行天下书系之五：《烹饪器具》

讲述烹饪器具：锅碗瓢盆盘碟刀叉铲勺壶罐筷；烹饪器具烹文煮史在这里评说；烹饪器具千姿百态在这里展示；烹饪器具巧使妙用在这里交流。

书号：ISBN 978-7-5044-8604-2

定价：32.00 元